全彩印刷

和秋叶一起学

秒懂Photoshop

创意特效

秋叶 冯雨 编著

人民邮电出版社

北京

图书在版编目（CIP）数据

和秋叶一起学 : 秒懂Photoshop创意特效 / 秋叶，冯雨编著. -- 北京 : 人民邮电出版社，2022.2（2022.8重印）
ISBN 978-7-115-58155-6

Ⅰ. ①和… Ⅱ. ①秋… ②冯… Ⅲ. ①图像处理软件 Ⅳ. ①TP391.413

中国版本图书馆CIP数据核字(2021)第271560号

内 容 提 要

如何从新手成长为 Photoshop 高手，快速制作出生活和职场中常见的图像特效，就是本书所要讲述的内容。

本书收录了生活和工作场景中常用的 Photoshop 创意特效技巧，每个技巧都配有清晰的使用场景说明、详细的图文操作说明及配套练习与动画演示，能够展示 Photoshop 软件的强大功能。掌握了这些技能，你的视觉表达能力将显著提升，你可以设计有视觉冲击力的海报，把生活照变成唯美大片，将天马行空的想象变成“现实”。

本书内容从易到难，语言通俗易懂，适合对 Photoshop 感兴趣的初学者阅读。

◆ 编　　著　秋　叶　冯　雨
　责任编辑　马雪伶
　责任印制　王　郁　彭志环
◆ 人民邮电出版社出版发行　　北京市丰台区成寿寺路 11 号
　邮编　100164　　电子邮件　315@ptpress.com.cn
　网址　https://www.ptpress.com.cn
　北京瑞禾彩色印刷有限公司印刷
◆ 开本：880×1230　1/32
　印张：6　　　　2022 年 2 月第 1 版
　字数：167 千字　　　　2022 年 8 月北京第 7 次印刷

定价：49.90 元

读者服务热线：(010)81055410　印装质量热线：(010)81055316
反盗版热线：(010)81055315
广告经营许可证：京东市监广登字 20170147 号

目 录
CONTENTS

MARVEL

第 3 章 图像特效 / 111

绪 论

这是一本适合“碎片化”学习的Photoshop特效制作的技能书。

市面上大多数的Photoshop书籍是“大全”型的，不太适合初学者“碎片化”阅读。对于急需应用Photoshop技能去解决实际问题的人而言，他们并不需要系统地掌握Photoshop的相关知识，也没有那么多的时间去系统地阅读、思考、记笔记，他们更需要的是可以随用随查、快速解决问题的“字典型”技能书。

为了满足初学者的需求，我们策划编写了本书，对初学者关心的问题一一解答。希望读者无须投入过多的时间去思考、理解，翻开书就可以快速查阅，及时解决工作和生活中遇到的问题，真正做到“秒懂”。

本书具有“开本小、内容新、效果好”的特点，紧紧围绕“让学习变得轻松高效”这一编写宗旨，根据初学者学习Photoshop特效制作的“刚需”设计内容。

本书在撰写时遵循以下两个原则。

（1）内容实用。为了保证内容的实用性，书中所列的技巧大多来源于真实的需求场景，汇集了初学者最为关心的问题。同时，为了让本书更有用，我们还查阅了抖音、快手上的各种热点技巧，并择要收录。

（2）查阅方便。为了方便读者查阅，我们将收录的技巧分类整理，读者在看到标题的一瞬间就知道对应的知识点可以解决什么问题。

我们希望本书能够满足读者的“碎片化”学习需求，帮助读者及时解决工作和生活中遇到的问题。

做一套图书就是打磨一套好的产品。希望秋叶系列图书能得到读者发自内心的喜爱及口碑推荐。

我们将精益求精，与读者一起进步。

最后，我们还为读者准备了一份惊喜！

用微信扫描下方二维码，关注公众号并回复“秒懂创意特效”，可以免费领取我们为本书读者量身定制的超值大礼包：

44 个配套操作视频
44 套实战练习案例文件
100 张炫酷光效素材图片
200 张精美纹理素材图片
200 张免抠图的 PNG 素材图片

还等什么，赶快扫码领取吧！

和秋叶一起学

秒懂 Photoshop

第1章 文字特效

文字特效在设计中的应用非常广泛，如版式设计、海报设计、广告设计等平面设计领域，主要目的是让文字变得美观且实用。

扫码回复关键词“秒懂创意特效”，观看配套视频课程

1.1 立体字

本节主要介绍如何设计立体效果的文字。掌握本节内容，即可轻松解决日常设计中遇到的立体字制作问题。

01 如何制作带投影的文字？

为文字添加投影，可增加文字的立体感，使画面更有层次。酷炫的带投影的文字是如何设计出来的？不如试试修补工具，操作如下。

1 选择【文件】菜单中的【新建】命令，在弹出的界面中依次设置参数：宽度为 1920 像素，高度为 1080 像素，分辨率为 72 像素 / 英寸，背景为黑色，单击【创建】按钮。

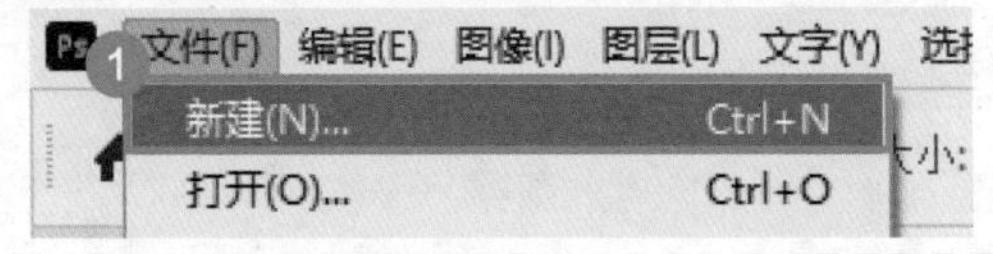

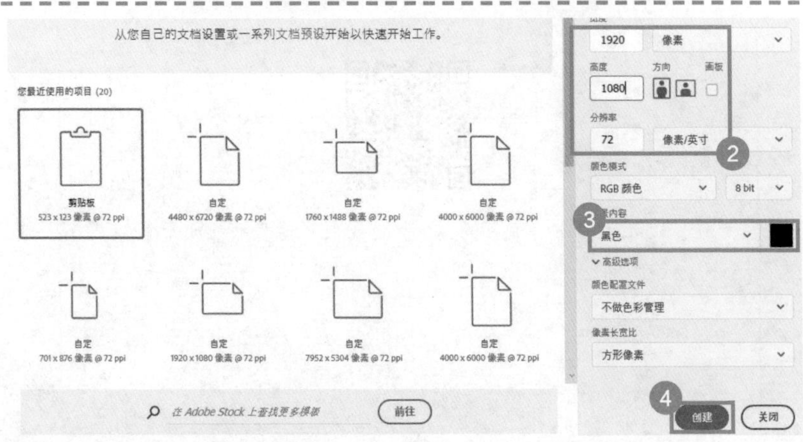

2 在工具栏中选择文字工具，单击画布，输入“THANKS”，并按照下图所示参数设置字体、粗细、字号。

3 在【图层】面板中单击【添加图层样式】按钮 fx，在弹出的菜单中选择【颜色叠加】命令。

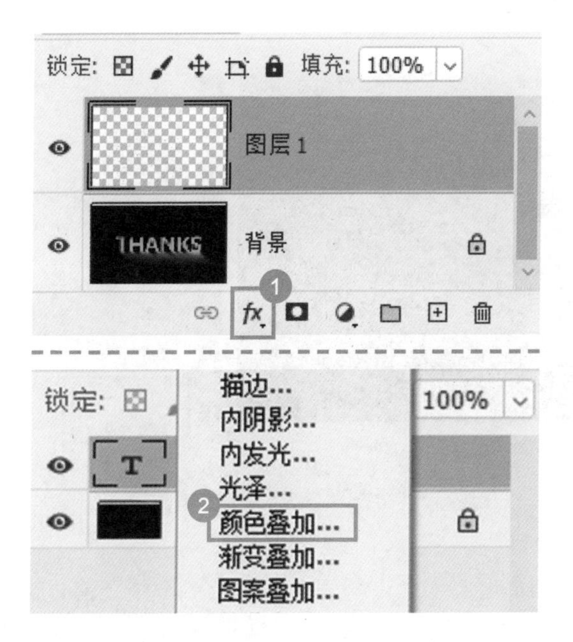

4 在弹出的【图层样式】对话框中设置图层混合模式为【正常】，颜色为绿色，【不透明度】为 100%，单击【确定】按钮。

5 在工具栏中单击背景色按钮，将背景色设置为黑色，单击【确定】按钮。

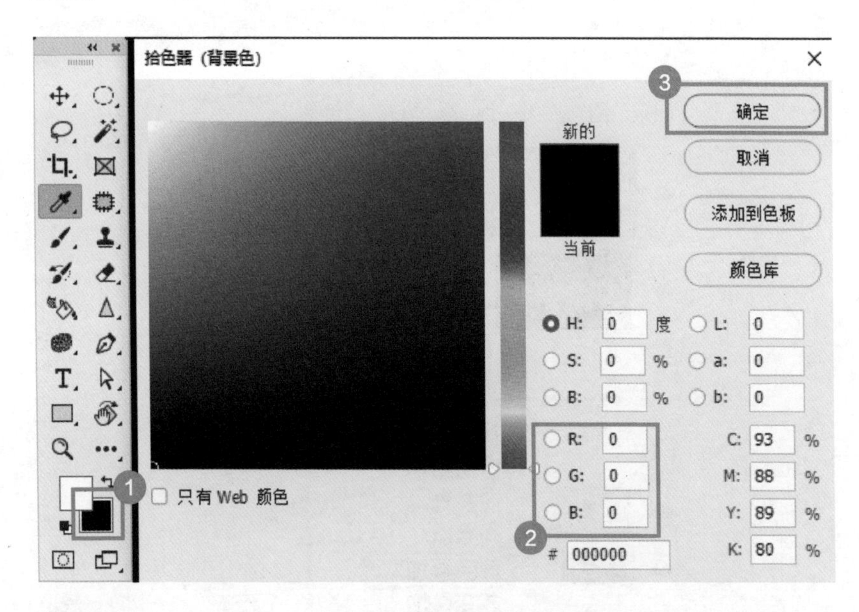

6 按住【Ctrl】键后，在【图层】面板中单击背景图层和文字图层，同时选中两个图层。右键单击，在弹出的菜单中选择【合并图层】命令。

7 在工具栏中选择矩形选框工具，按住鼠标左键不放，在文字下方拖曳，绘制一个宽度略大于文字宽度的矩形选区。注意选区有一小部分和文字重叠。

8 在工具栏中选择修补工具，在上方的选项栏中将扩散值设置为 7，并在选区中向下拖曳鼠标指针。

提示

修补工具主要用来修饰图像中的污点，比如脸上的雀斑、衣服上的污渍、照片中的多余物体。它利用其他区域的图像来修复选中的区域。

9 选择【编辑】菜单中的【自由变换】命令，按住【Ctrl】键向右拖动中间的控制点，按【Enter】键确定，按【Ctrl+D】快捷键取消选区。

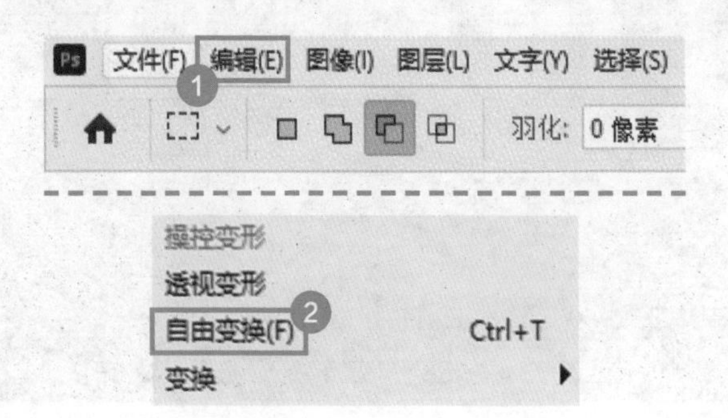

这样简单处理之后，文字变得更好看了。

02 如何制作有冲击力的重叠立体文字?

在平面设计中，重叠的文字效果可以提升文字的设计感以及画面的空间感。制作重叠立体效果文字的操作如下。

1 选择【文件】菜单中的【新建】命令，在弹出的界面中依次设置参数：宽度为 1920 像素，高度为 1080 像素，分辨率为 72 像素 / 英寸，背景为白色，单击【创建】按钮。

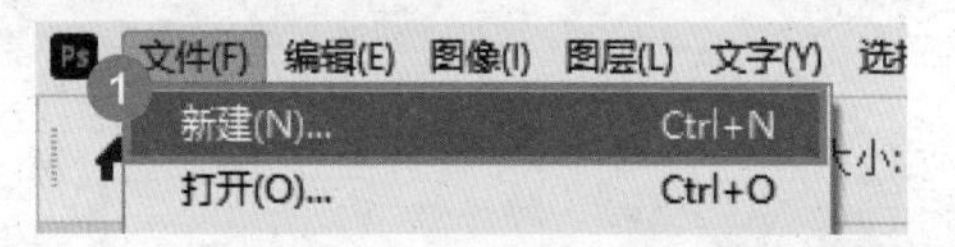

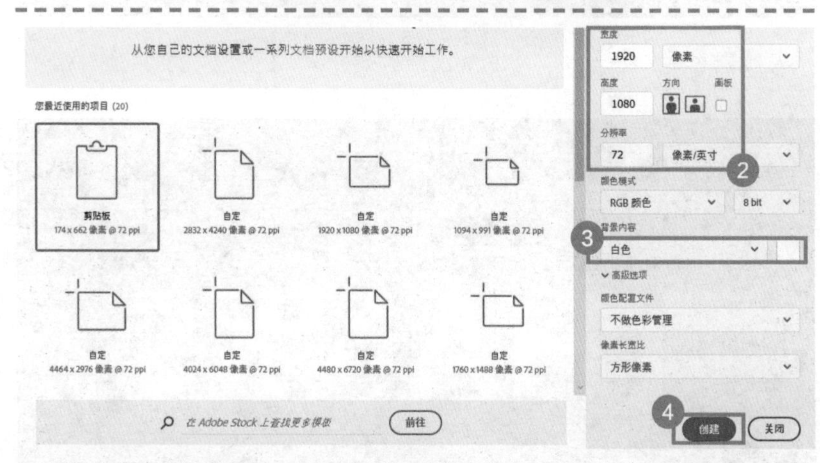

2 在工具栏中选择文字工具，单击画布，输入“MGA”，并按照下图所示参数设置字体、字号以及字符间距。

3 在【图层】面板中选择【MGA】图层并右键单击，在弹出的菜单中选择【转换为形状】命令。

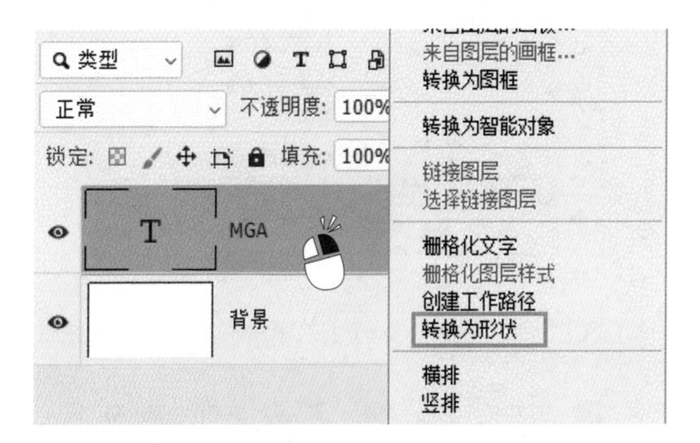

4 在工具栏中选择矩形工具，在上方的选项栏中将【填充】设置为黄色，【描边】设置为黑色，描边粗细为 5 像素。

5 在【图层】面板中选择【MGA】图层，右键单击，在弹出的菜单中选择【复制图层】命令。

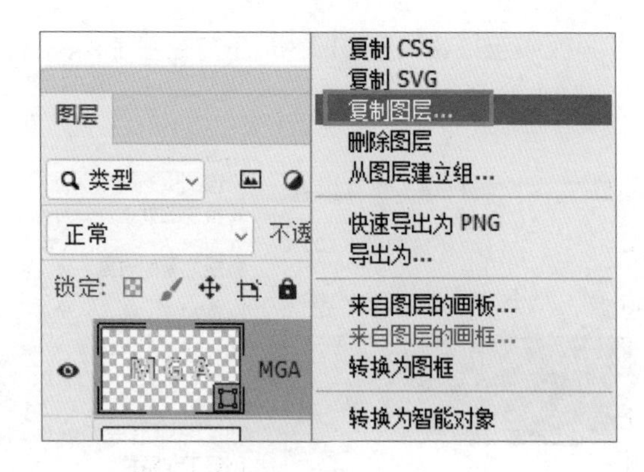

6 选择【MGA】图层，选择【编辑】菜单中的【自由变换路径】命令。

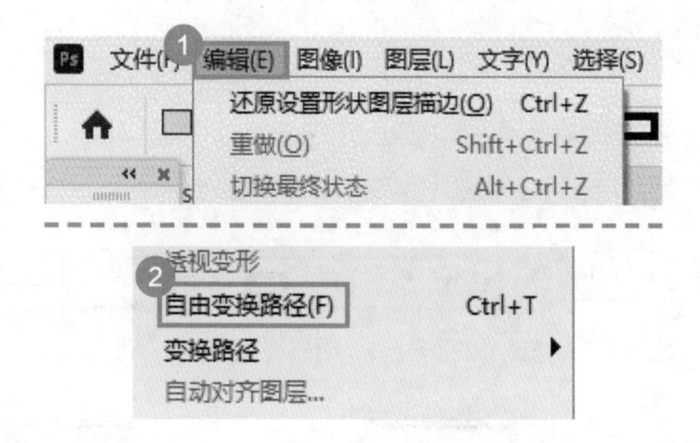

7 在工具栏中选择移动工具，用鼠标单击复制的文字并将其向左下方移动，按【Enter】键确定。这样两个文字的重叠立体效果就做好了。

8 选择工具栏中的移动工具，按 5 次【Ctrl+Alt+Shift+T】快捷键，重叠立体文字就制作完成了。可以看到，重叠的立体文字使画面有很强的冲击力。

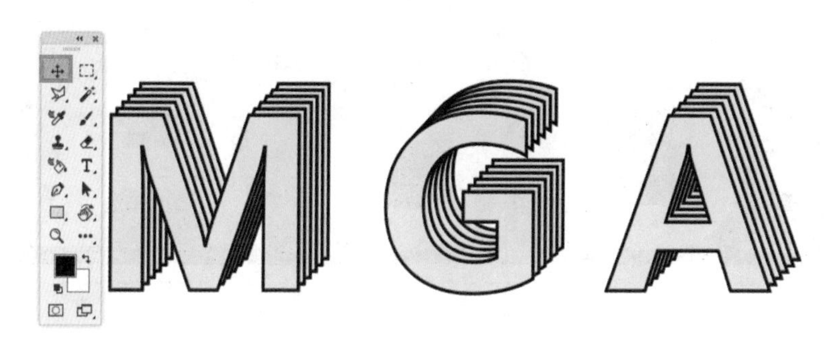

03 如何制作图文穿插文字?

图文穿插文字是为了让文字和图片更紧密地结合，通过文字和图片之间的遮挡，从而达到文字图形化的视觉设计效果。

1 选择【文件】菜单中的【打开】命令，选择文件，单击【打开】按钮，打开素材图片。

2 单击工具栏中的文字工具，单击画布，输入“USA”，并按照下图所示参数设置字体、粗细、字号及字间距等。

3 选择【USA】图层，单击下方的【添加图层蒙版】按钮，可以看到添加了图层蒙版。

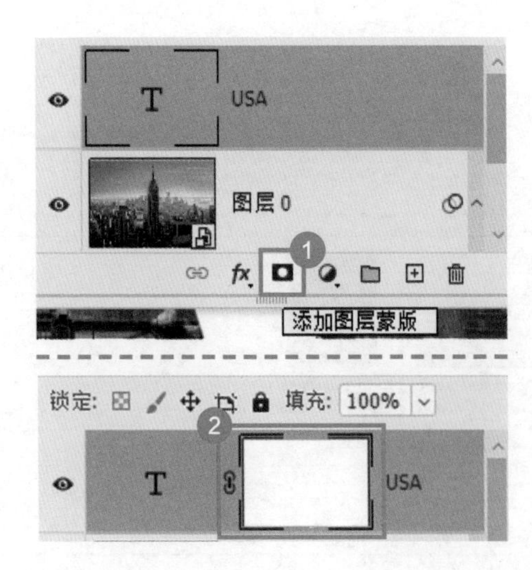

4 将图层的【不透明度】设置为 50%。

5 在工具栏中选择多边形套索工具，在上方的选项栏中单击【添加到选区】按钮。

6 使用多边形套索工具绘制被房子遮挡的不规则区域。

7 单击图层蒙版，在工具栏中选择画笔工具，在工具栏下方单击前景色按钮，在弹出的【拾色器（前景色）】对话框中将前景色设置为黑色，单击【确定】按钮。

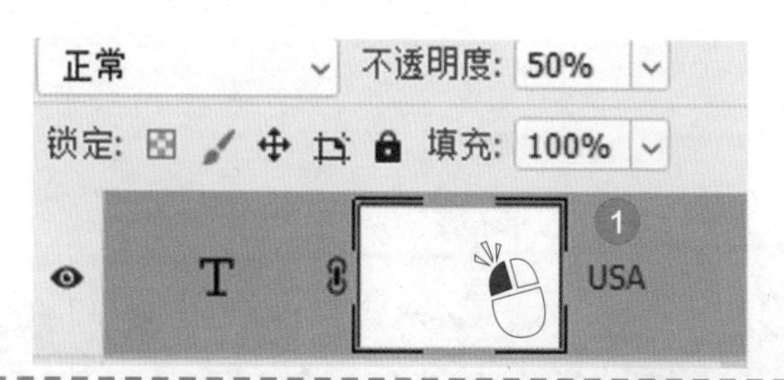

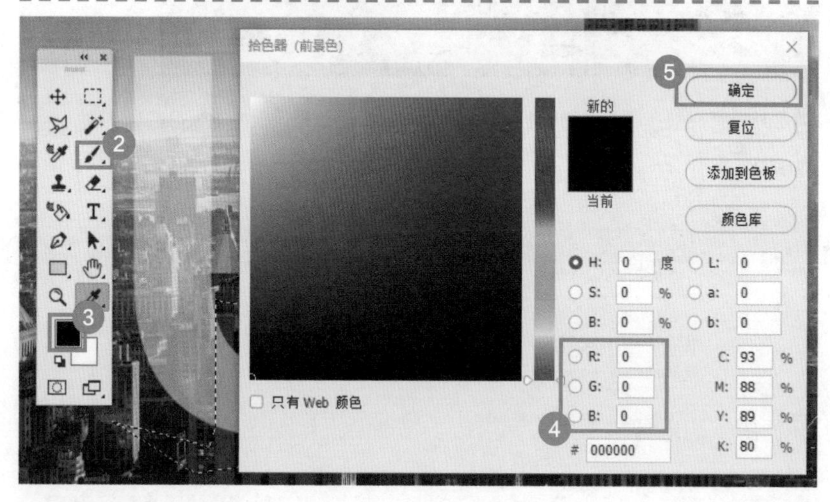

8 使用画笔工具在 3 个选区位置涂抹，完成后按【Ctrl+D】快捷键取消选区。

9 选择【图层】面板，将【不透明度】设置为 100%，操作完成。

04 如何制作带阴影的立体字？

带阴影的立体字是设计中常见的字体特效，常用于海报设计中，很方便突出主题内容。制作步骤如下。

1 选择【文件】菜单中的【新建】命令，在弹出的界面中依次设置参数：宽度为1920像素，高度为1080像素，分辨率为72像素/英寸，背景为白色，单击【创建】按钮。

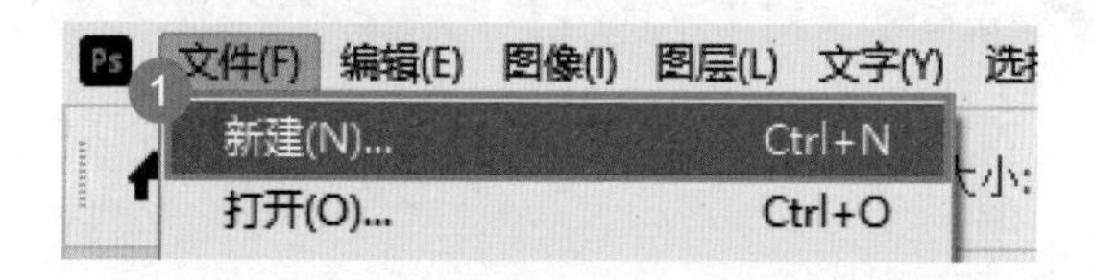

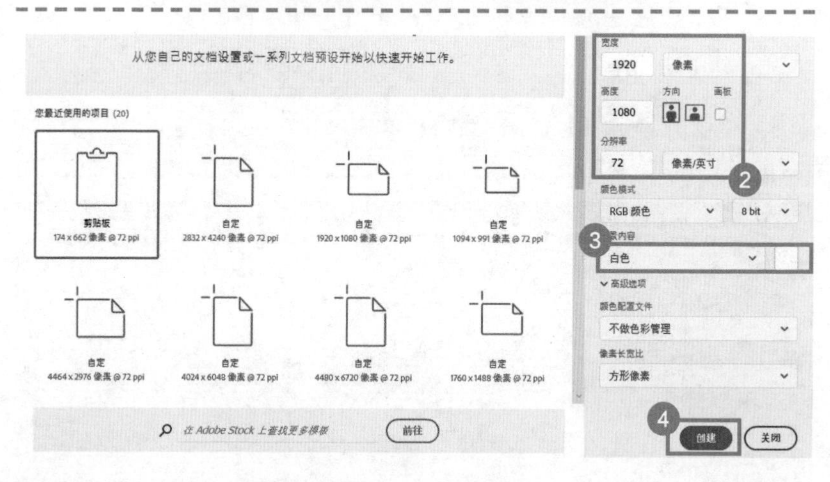

2 在工具栏中单击前景色按钮，将前景色设置为黄色，单击【确定】按钮。

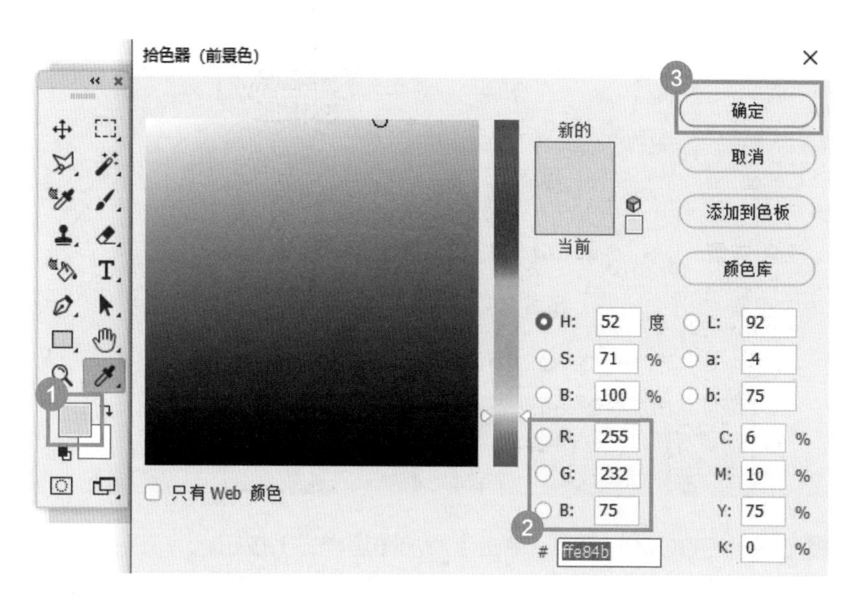

3 在工具栏中选择文字工具，单击画布，输入“BOOM”，并按照下图所示参数设置字体和字号。

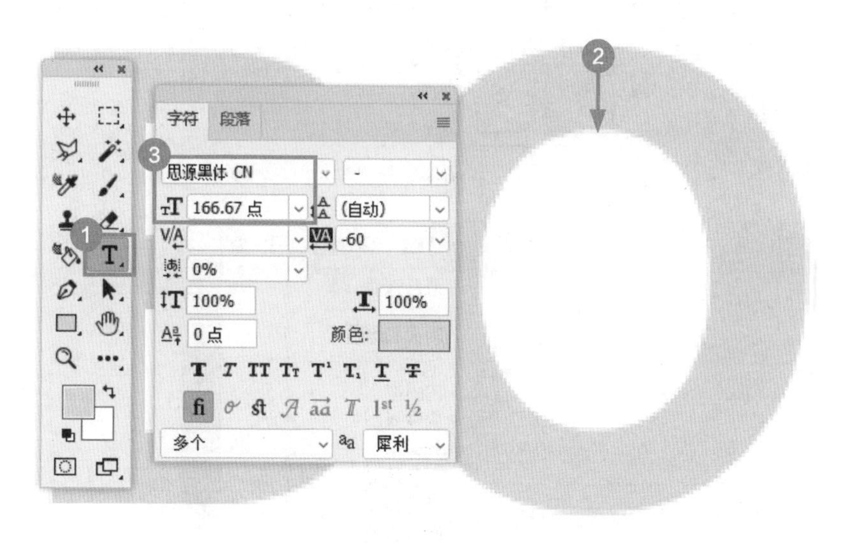

4 右键单击【BOOM】图层，在弹出的菜单中选择【复制图层】命令。

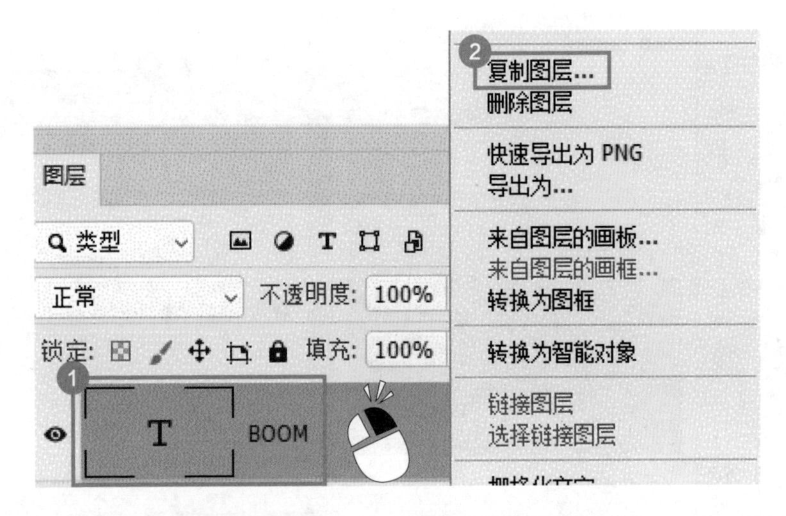

5 选择【BOOM】图层，单击【添加图层样式】按钮 fx，在弹出的菜单中选择【颜色叠加】命令。

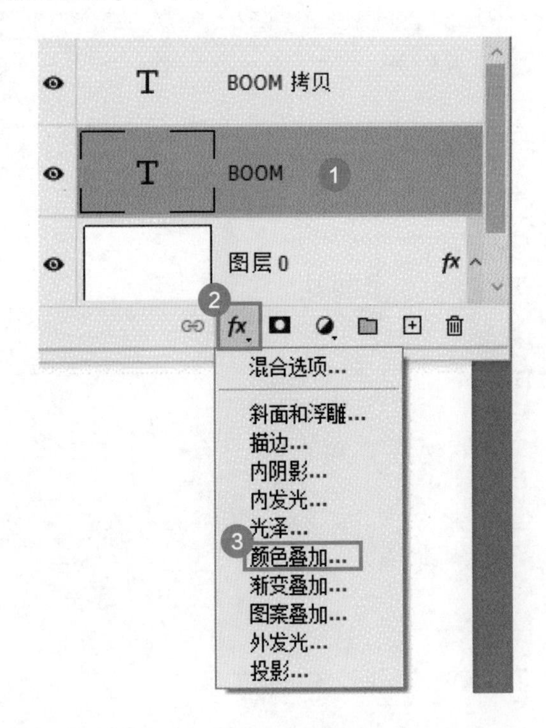

6 在弹出的【图层样式】对话框中，将颜色设置为橙色，单击【确定】按钮。

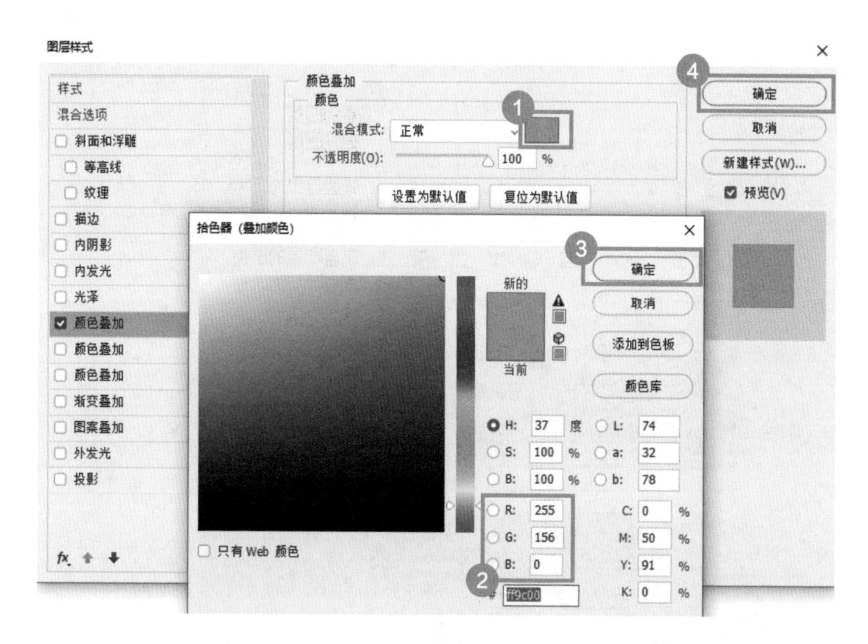

7 选择工具栏中的移动工具，选择【BOOM】图层，按【↓】键多次，将橙色文字向下方移动，可以看到此时的橙色字成了黄色字的阴影。

8 右键单击【BOOM】图层，在弹出的菜单中选择【复制图层】命令。选择【BOOM】图层，单击【添加图层样式】按钮，在弹出的菜单中选择【颜色叠加】命令。

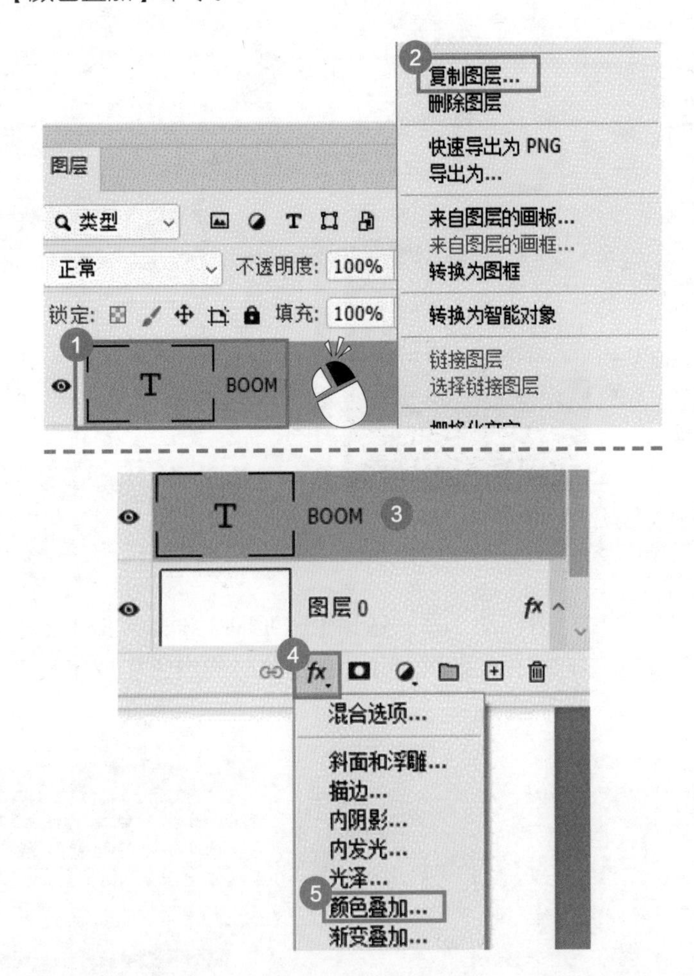

9 在弹出的【图层样式】对话框中，将颜色设置为蓝色，单击【确定】按钮。

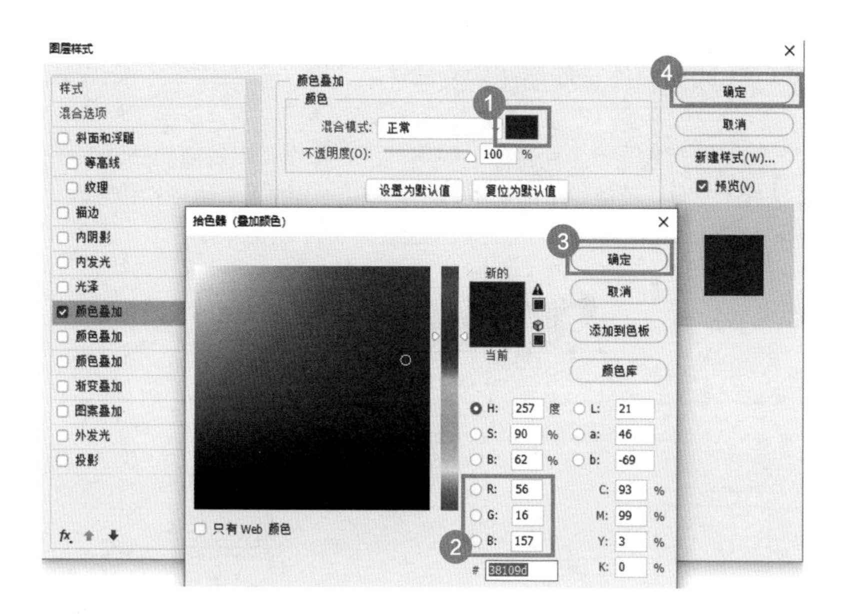

10 选择工具栏中的移动工具，选择【BOOM】图层，按【↓】键多次，将蓝色文字向下方移动，操作完成。

05 如何制作金属质感的文字?

接下来教大家一个新技巧，简单几步，轻松做出金属质感的文字。

1 选择【文件】菜单中的【新建】命令，在弹出的界面中依次设置参数，单击【创建】按钮。

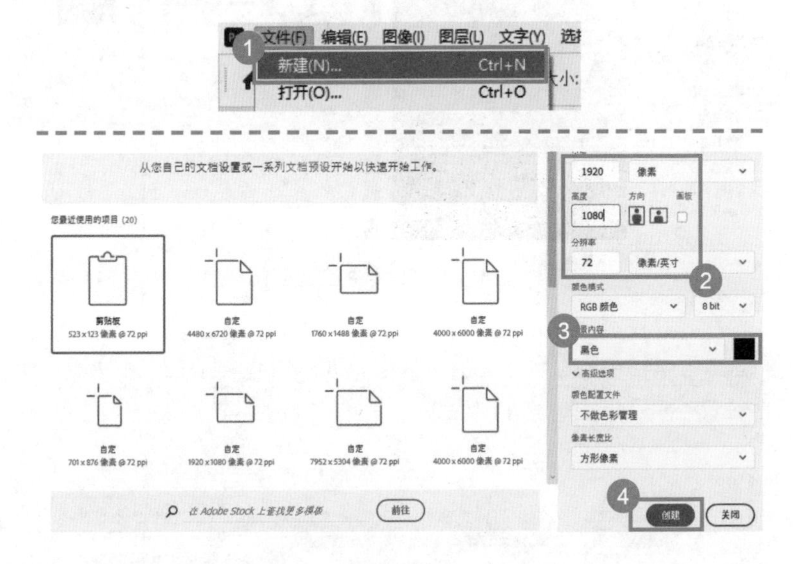

2 在工具栏中选择文字工具，单击画布，输入“MARVEL”，并按照下图所示参数设置字体、字号以及字符间距。

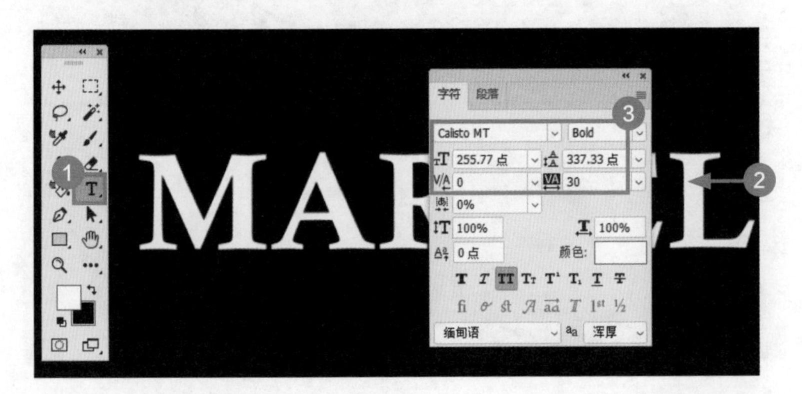

3 在【图层】面板中单击【添加图层样式】按钮 fx，在弹出的菜单中选择【颜色叠加】命令。

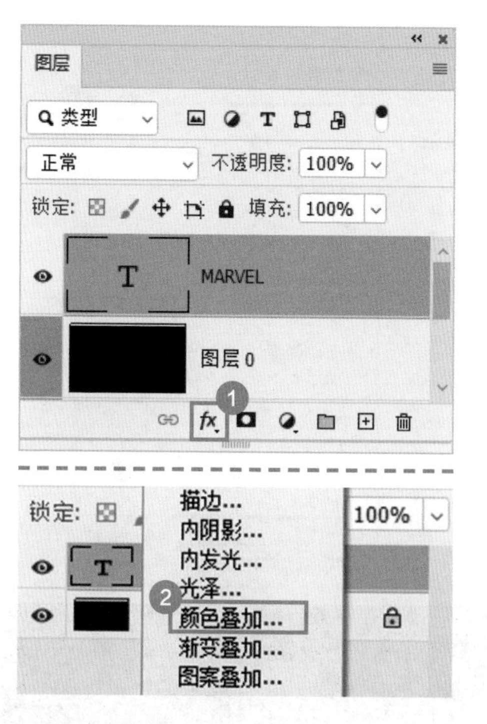

4 在弹出的【图层样式】对话框中设置混合模式为【正常】，颜色为金色，【不透明度】为 100%。

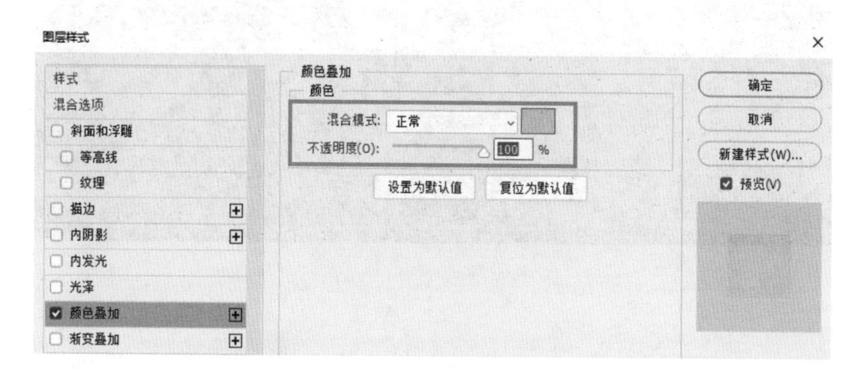

5 选中【斜面和浮雕】选项，设置参数如下图所示，设置完毕后单击【确定】按钮，金属质感的文字就制作完成了。

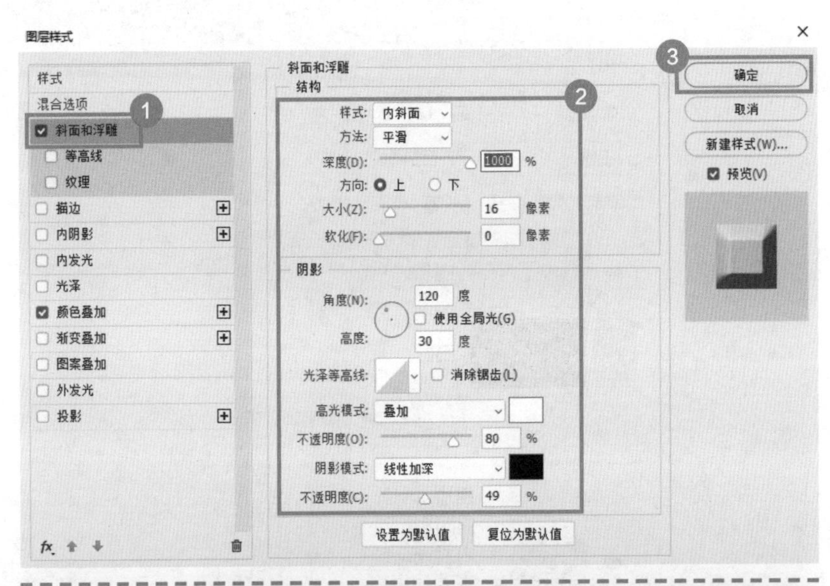

1.2 特殊风格的字效

通过滤镜可以为文字添加特殊效果。掌握本节内容，不仅可以轻松学会字效设计，还能掌握滤镜的使用方法。

01 如何制作粉笔字效果？

粉笔字效果既容易制作，在设计中“出镜率”又高，本例中主要使用杂色滤镜和模糊滤镜就可以做出粉笔字效果，一起来动手做吧！

1 选择【文件】菜单中的【打开】命令，选择文件，单击【打开】按钮，打开黑板素材图片。

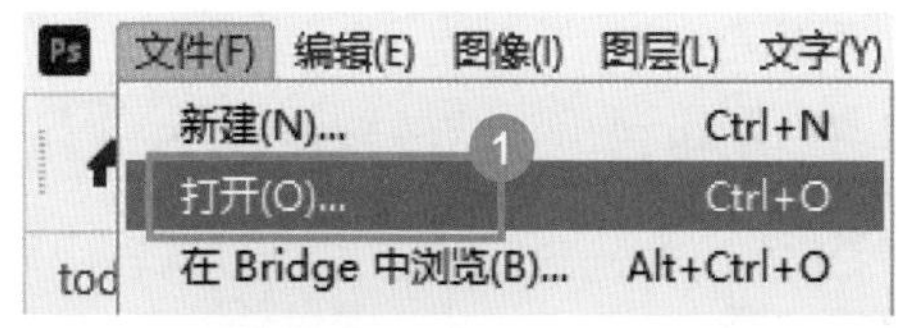

2 单击工具栏中的文字工具，单击画布，输入“粉笔字”，并按照下图所示参数设置字体、粗细、字号及字间距等。

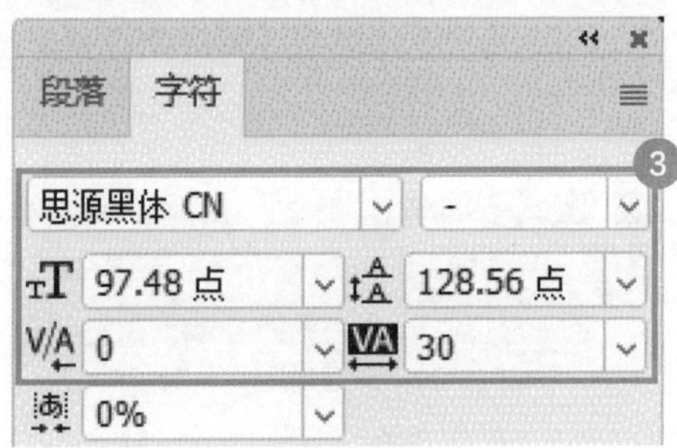

3 在【图层】面板中单击【创建新图层】按钮，新建一个空白图层。

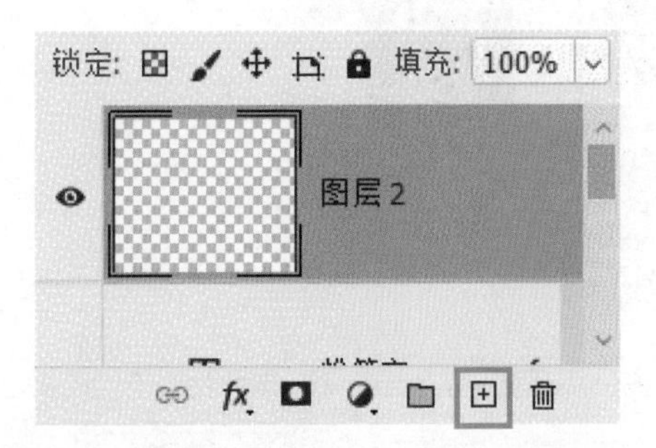

4 在工具栏中单击前景色按钮，在弹出的【拾色器（前景色）】对话框中，将前景色设置为白色（R255，G255，B255）。同理，将背景色设置为黑色（R0，G0，B0）。

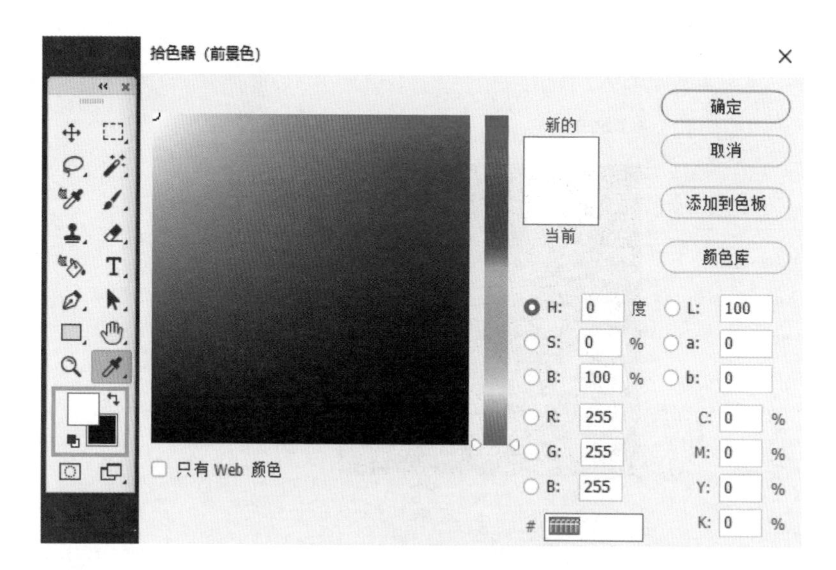

5 按【Ctrl+Delete】快捷键，为图层填充黑色背景。

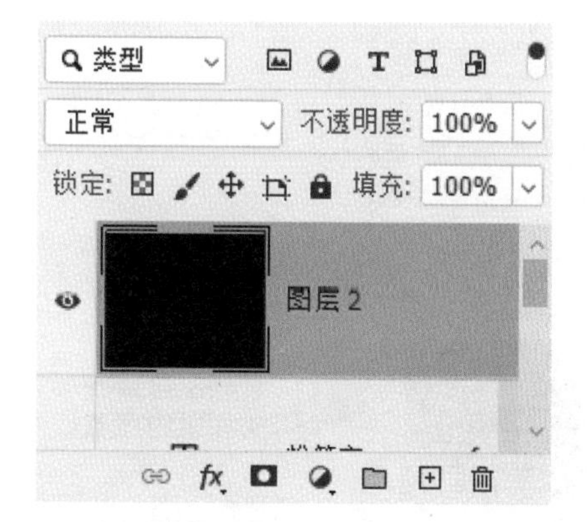

6 选择【滤镜】菜单中的【杂色】→【添加杂色】命令。

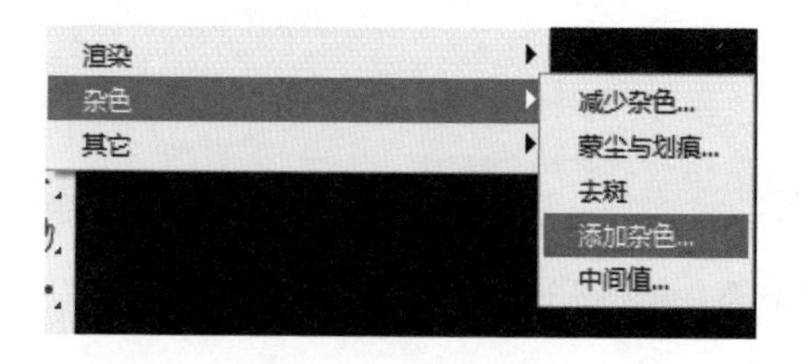

7 在弹出的【添加杂色】对话框中设置参数，单击【确定】按钮。

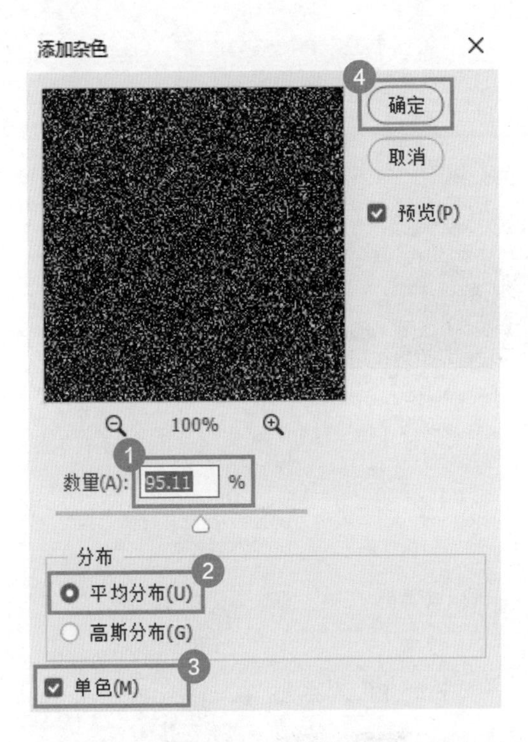

8 右键单击【图层 2】，在弹出的菜单中选择【创建剪贴蒙版】命令。

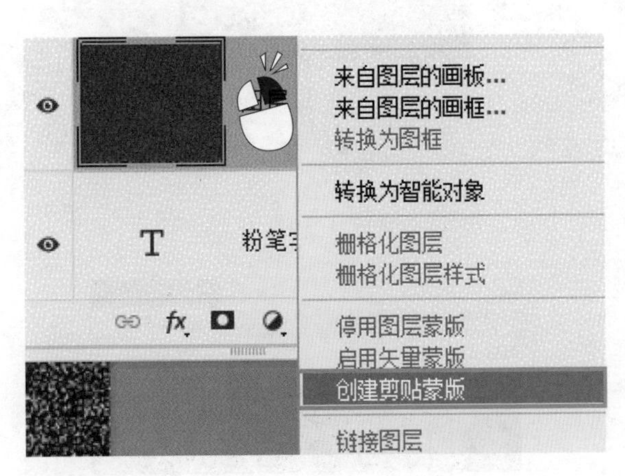

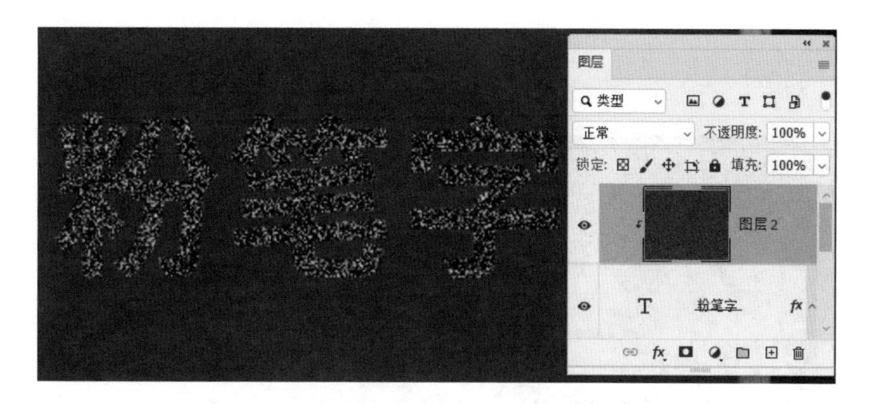

9 选择【滤镜】菜单中的【模糊】→【动感模糊】命令，在弹出的对话框中设置参数，单击【确定】按钮。

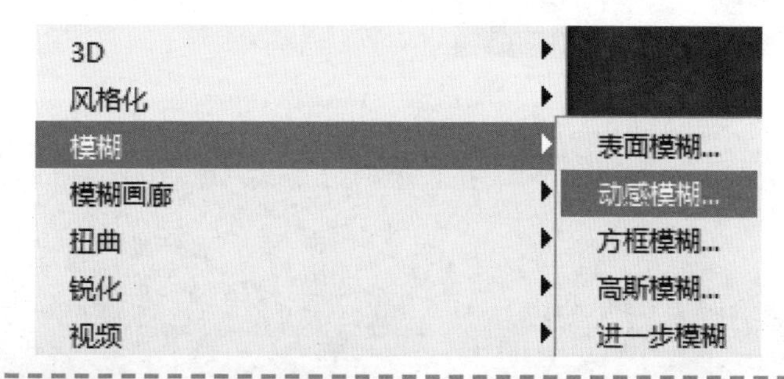

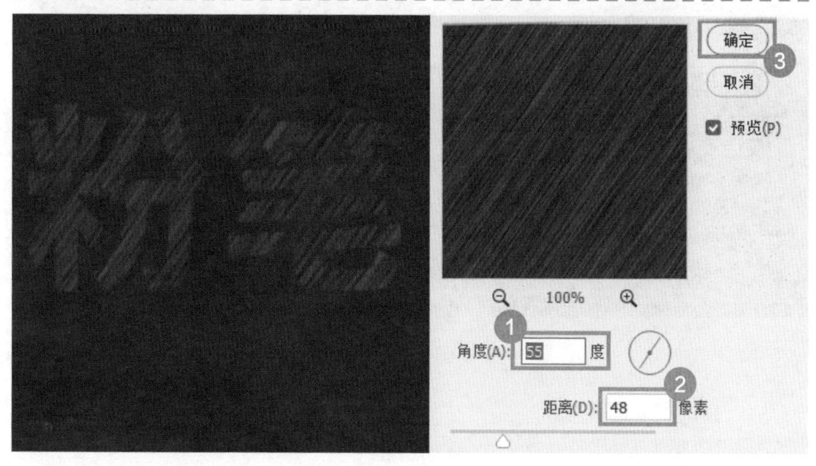

10 按【Ctrl+L】快捷键，在弹出的【色阶】对话框中设置参数，单击【确定】按钮，粉笔字就制作完成了。

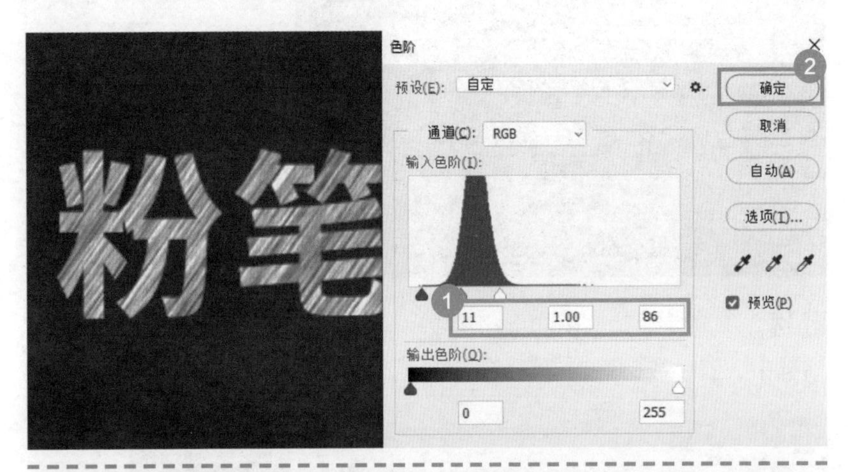

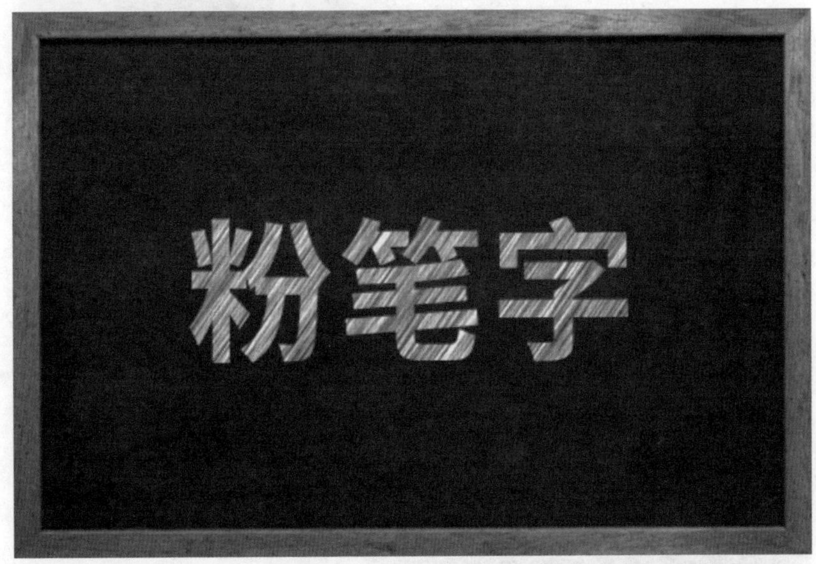

02 如何制作抖音特效文字?

炫酷的抖音特效文字是如何做出来的? 这种字效主要是利用三个图层的文字错位叠出来的，一起来动手做吧!

1 选择【文件】菜单中的【新建】命令，在弹出的界面中依次设置参数，单击【创建】按钮。

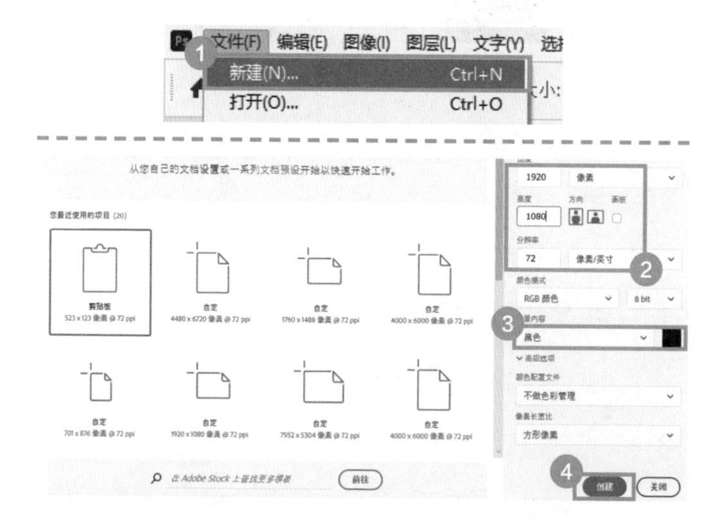

2 在工具栏中选择文字工具，单击画布，输入“ERROR”，并按照下图所示参数设置字体和字号。

3 右键单击【ERROR】图层，在弹出的菜单中选择【复制图层】命令。

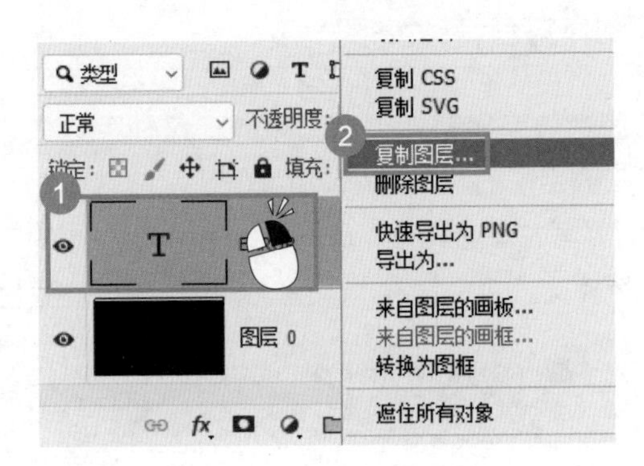

4 在【图层】面板中单击【添加图层样式】按钮 fx，在弹出的菜单中选择【颜色叠加】命令。

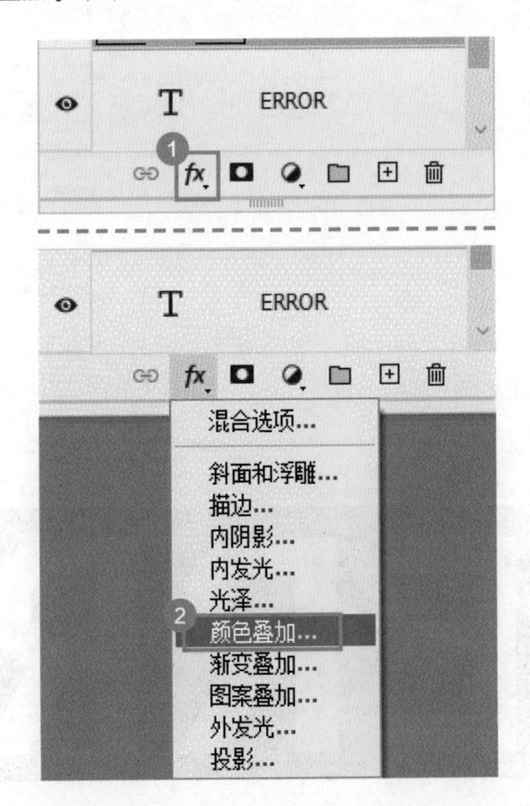

5 在弹出的对话框中，将颜色设置为红色，【不透明度】保持不变，单击【确定】按钮。

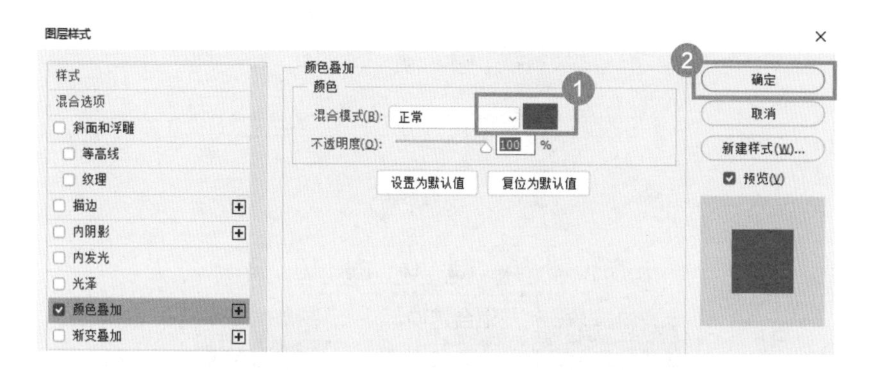

6 右键单击【ERROR 拷贝】图层，在弹出的菜单中单击【复制图层】命令。

7 单击 fx 按钮，在弹出的菜单中单击【颜色叠加】命令。

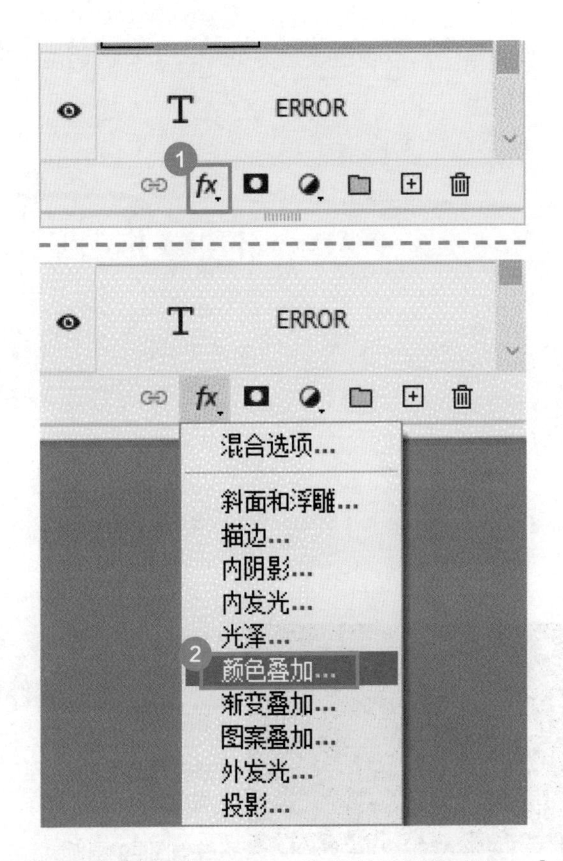

8 在弹出的【图层样式】对话框中，将颜色设置为青色，【不透明度】保持不变，单击【确定】按钮。

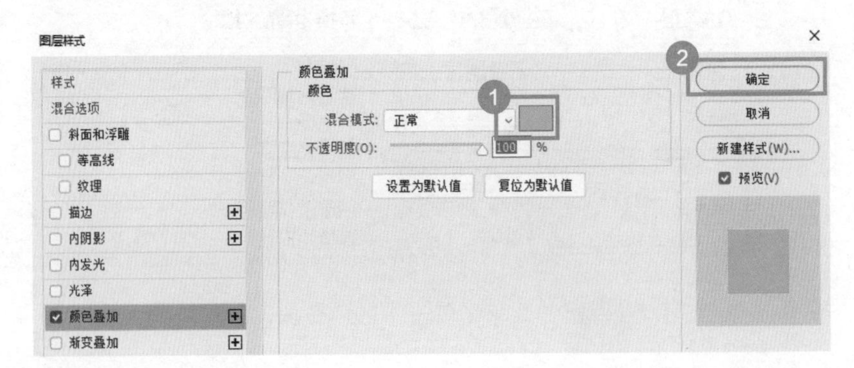

9 选择【ERROR】图层，将此图层拖曳到最上层。

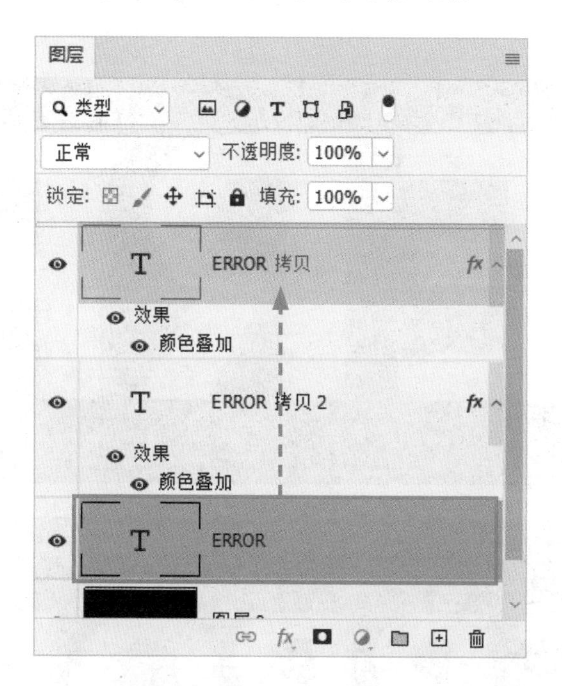

10 选择【ERROR 拷贝】图层，在工具栏中选择移动工具，向左拖曳红色文字。

11 选择【ERROR 拷贝 2】图层，使用移动工具，向右拖曳蓝色文字。操作完成。

03 如何制作火焰字?

我们都觉得火焰字很酷，是不是也想自己动手做一个呢？方法很简单，通过滤镜特效就能轻松做出来。

1 选择【文件】菜单中的【新建】命令，在弹出的界面中依次设置参数，单击【创建】按钮。

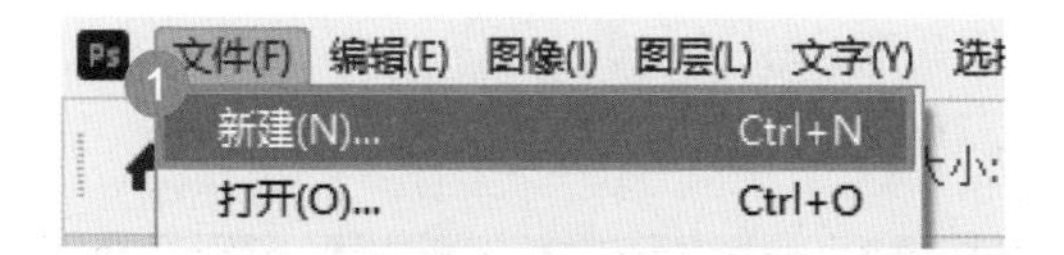

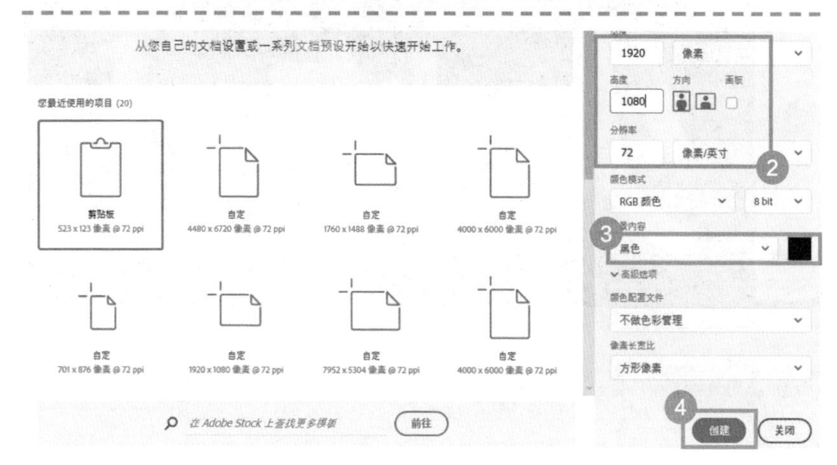

2 在工具栏中单击前景色按钮，将前景色设置为白色，单击【确定】按钮。

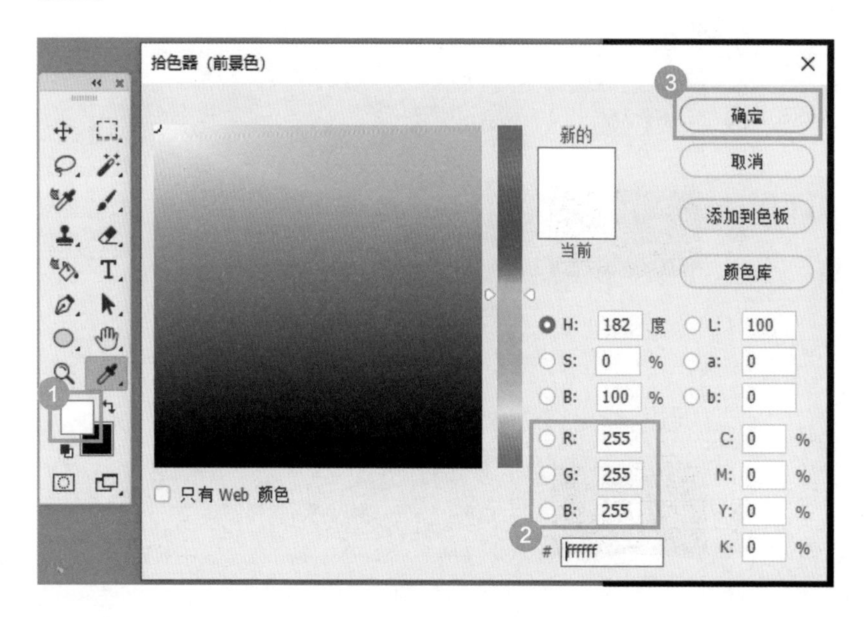

3 在工具栏中选择文字工具，单击画布，输入“火焰山”，并按照下图所示参数设置字体、粗细和字号。

4 按住【Ctrl】键，依次单击【背景】图层和【火焰山】图层。按快捷键【Ctrl+E】，合并图层。

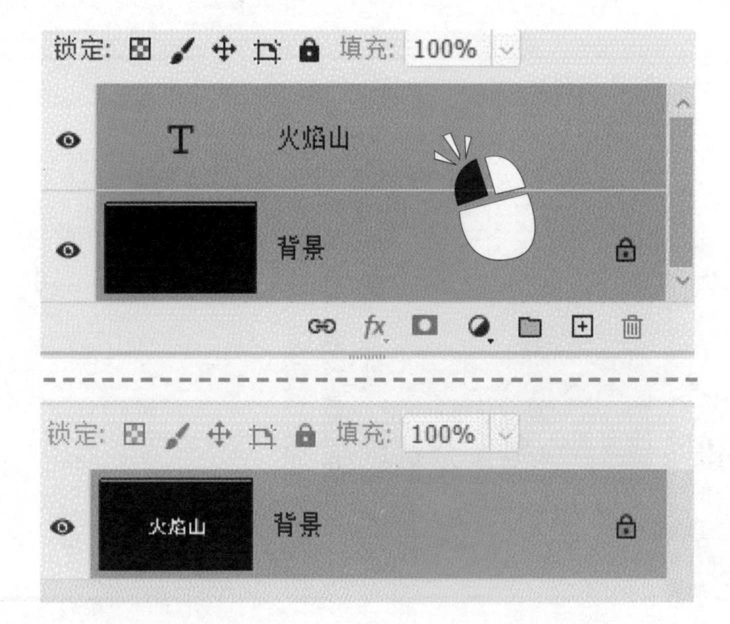

5 选择【图像】菜单中的【图像旋转】→【逆时针 90 度】命令，旋转图像。

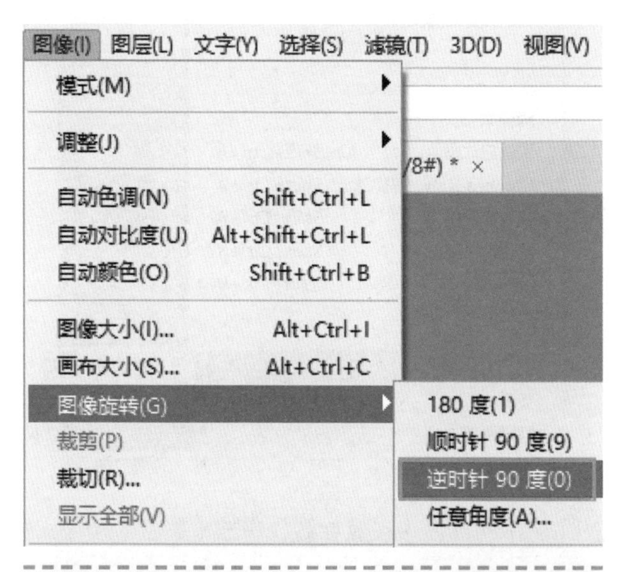

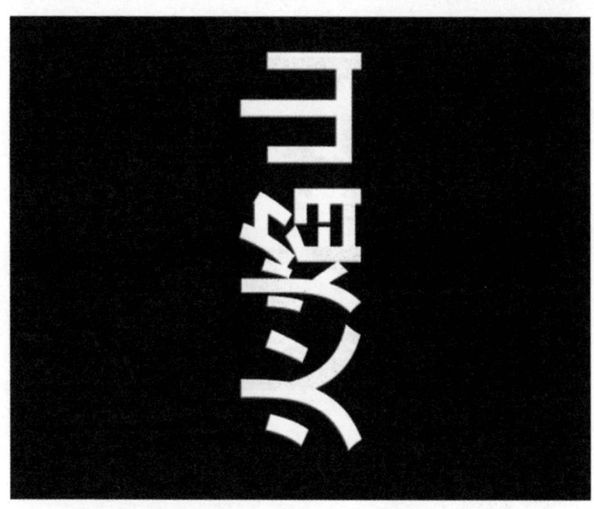

6 选择【滤镜】菜单中的【风格化】→【风】命令。

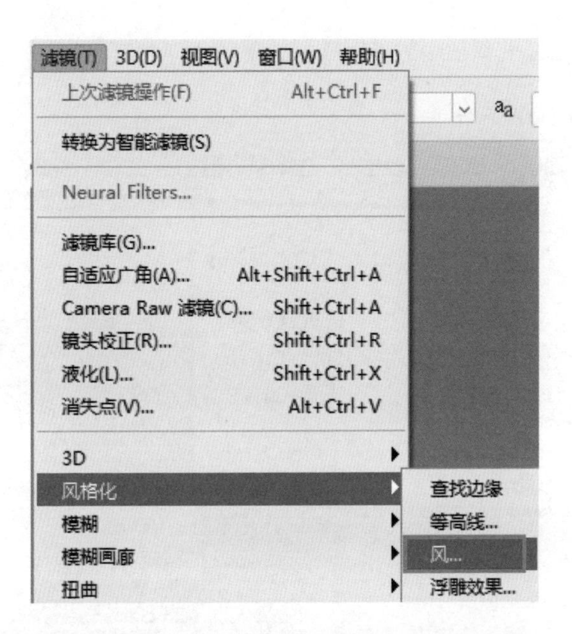

7 在弹出的【风】对话框中设置参数，单击【确定】按钮。

8 选择【滤镜】菜单中的【风】命令，操作 2 次，强化风的效果。

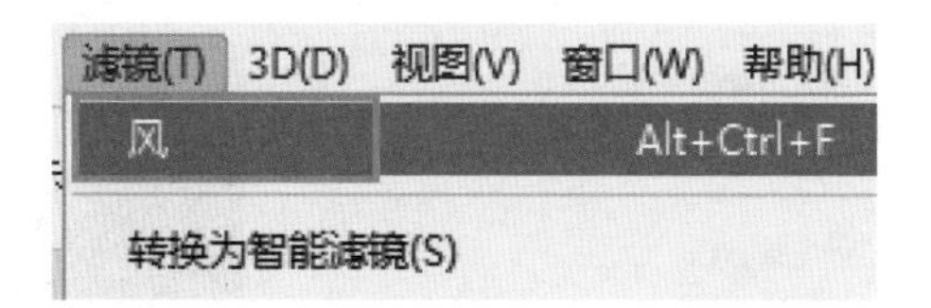

9 选择【图像】菜单中的【图像旋转】→【顺时针 90 度】命令。

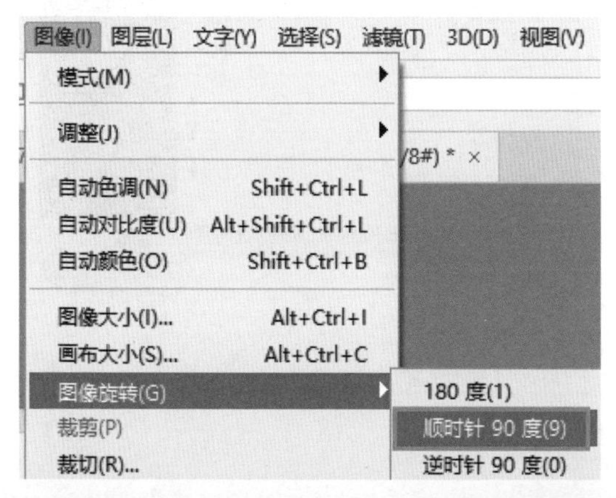

10 选择【滤镜】菜单中的【扭曲】→【波纹】命令。

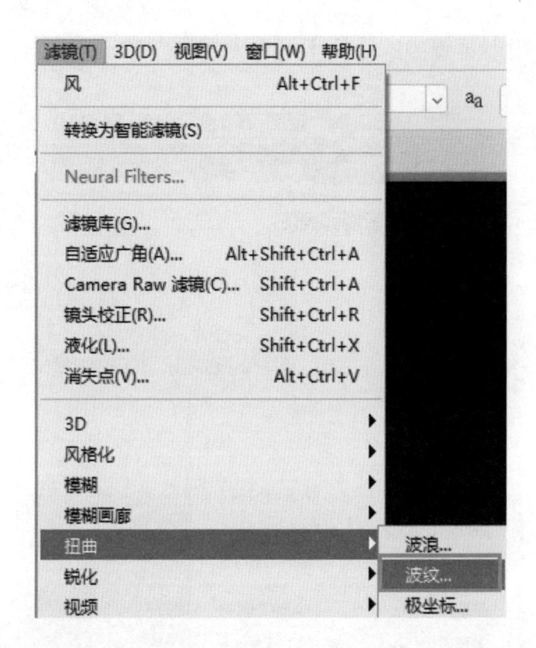

11 在弹出的【波纹】对话框中设置参数，单击【确定】按钮。

12 选择【图像】菜单中的【模式】→【灰度】命令，在弹出的提示框中单击【扔掉】按钮。

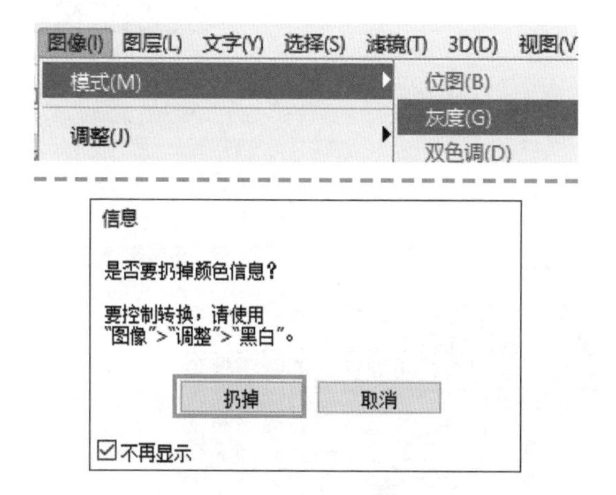

13 选择【图像】菜单中的【模式】→【索引颜色】命令。

14 选择【图像】菜单中的【模式】→【颜色表】命令。

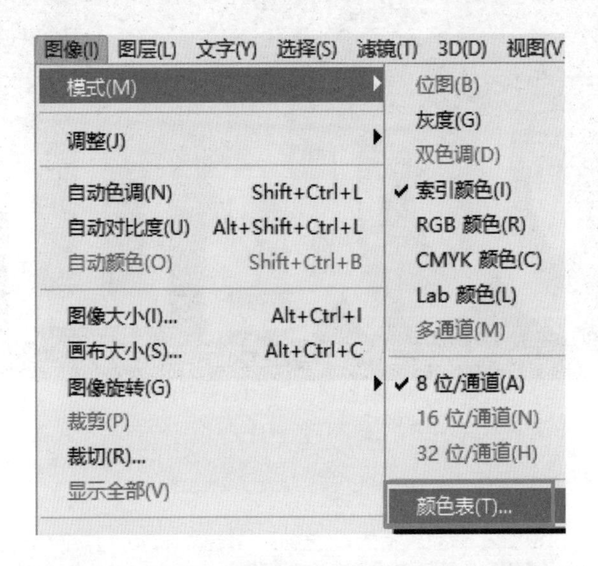

15 在弹出的【颜色表】对话框中选择黑体，单击【确定】按钮，火焰字效果制作完成。

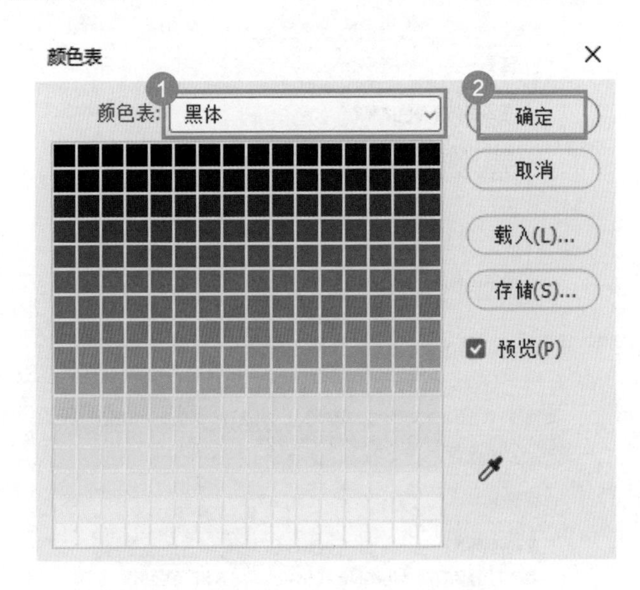

04 如何制作图像文字？

在 Photoshop 中，可以为文字填充颜色，也可以为文字填充图像，制作出图像文字。下面就来一起动手做吧。

1 选择【文件】菜单中的【新建】命令，在弹出的界面中依次设置参数，单击【创建】按钮。

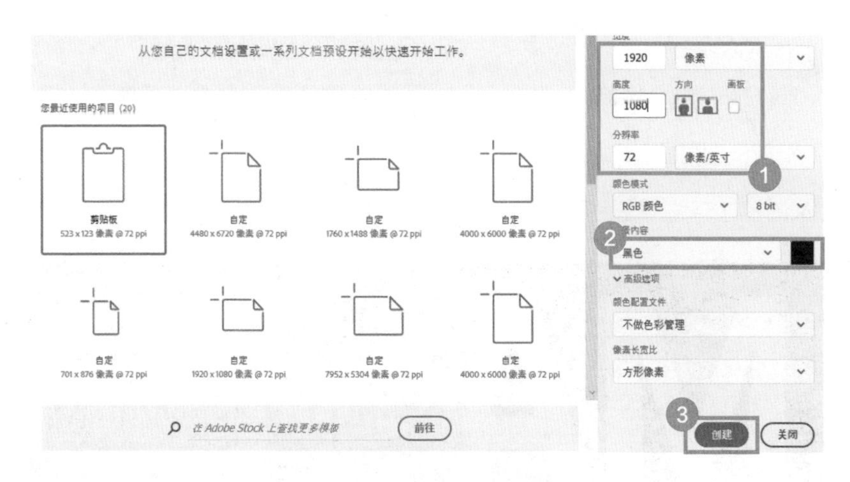

2 在工具栏中选择文字工具，单击画布，输入“MARVEL”，并按下图所示参数设置字体和字号。

3 选择【文件】菜单中的【打开】命令，选择文件，单击【打开】按钮，打开素材图片。

4 选择工具栏中的移动工具，拖动素材图片到文字上方。

5 按【Ctrl+T】快捷键，拖曳素材图片右上角的控制点，将图片放大，直至文字完全被覆盖，按【Enter】键确定。

6 在【图层】面板中右键单击【图层 1】，选择【创建剪贴蒙版】命令，操作完成。

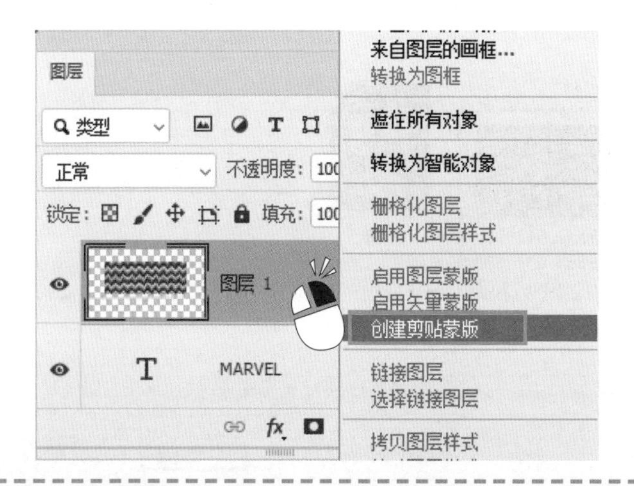

05 如何制作褶皱文字？

褶皱文字是将文字和图片紧密结合的形式，从而达到文字图形化的设计效果。

1 选择【文件】菜单中的【打开】命令，选择文件，单击【打开】按钮，打开素材图片。

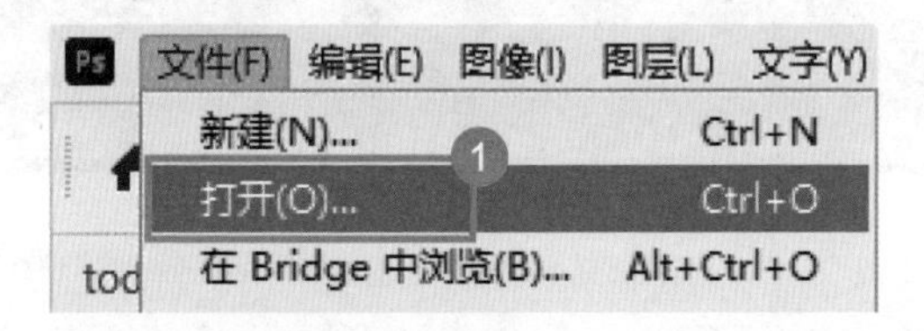

2 选择工具栏中的文字工具，单击画布，输入“丝绸字”，并按照下图所示参数设置字体和字号。

3 选择【通道】面板，单击【红】通道，选择【文件】菜单中的【存储为】命令，在弹出的对话框中设置文件名称和文件格式，单击【保存】按钮。

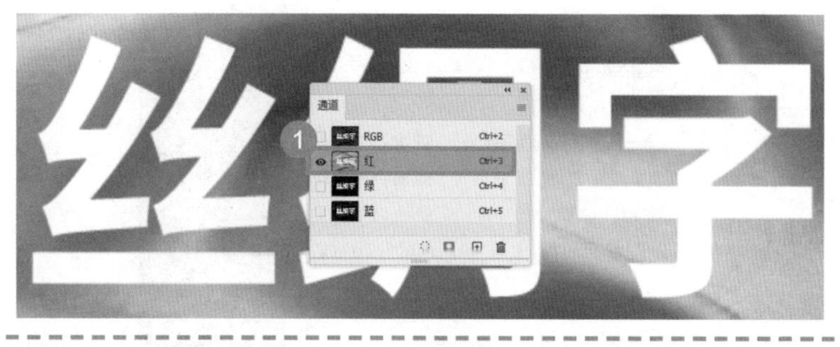

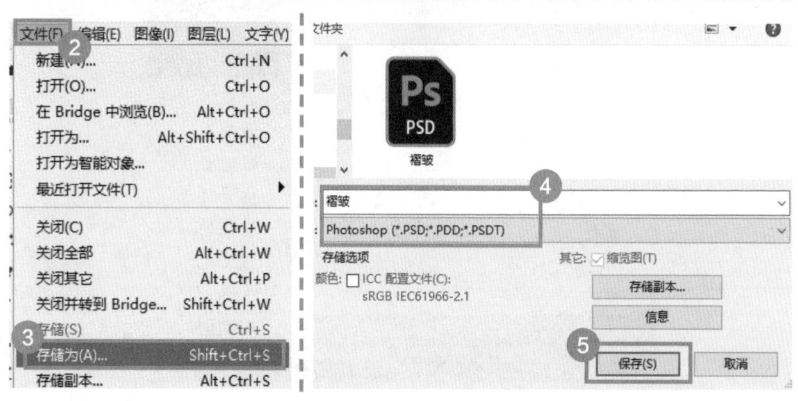

4 选择【通道】面板，单击【RGB】通道，恢复色彩。

5 选择【滤镜】菜单中的【扭曲】→【置换】命令。

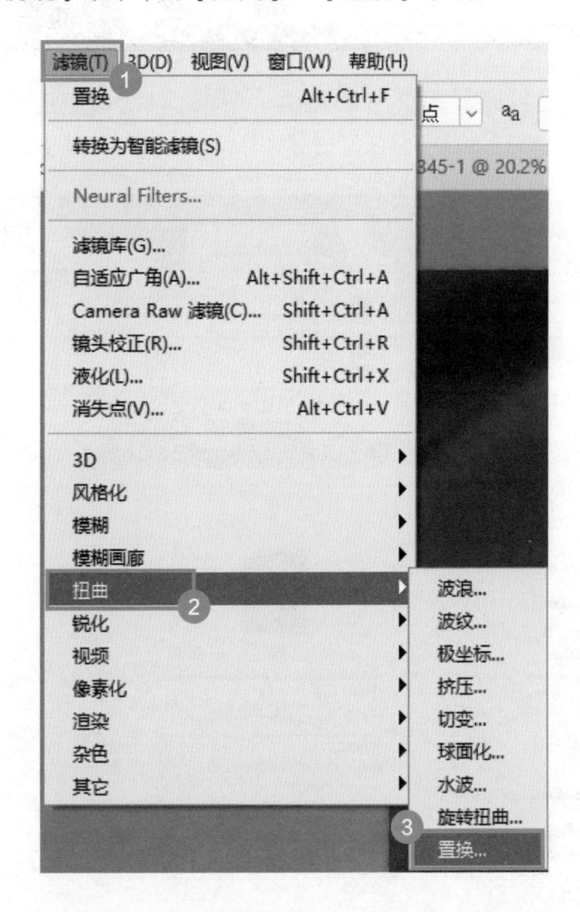

6 在弹出的提示框中单击【转换为智能对象】按钮，在弹出的【置换】对话框中设置参数，单击【确定】按钮。

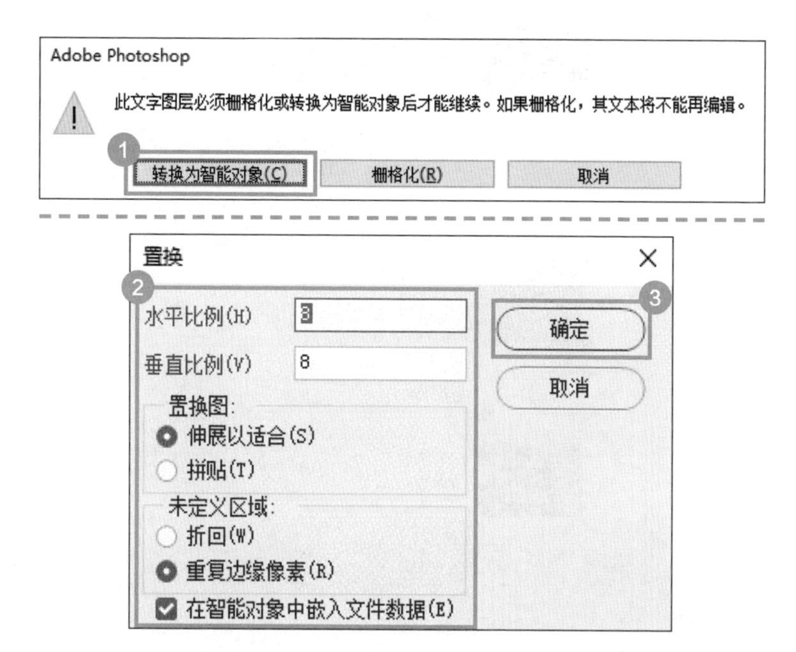

7 在弹出的对话框中选择刚才保存的“褶皱”文件，单击【打开】按钮。

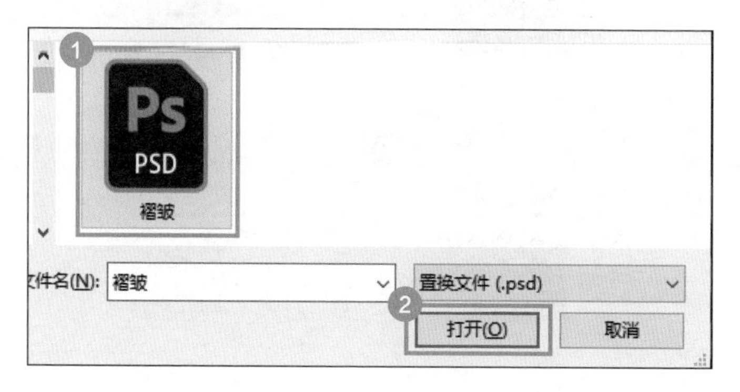

8 选择【图层】面板，右键单击【背景】图层，选择【复制图层】命令，将复制后的图层拖曳到最上层。

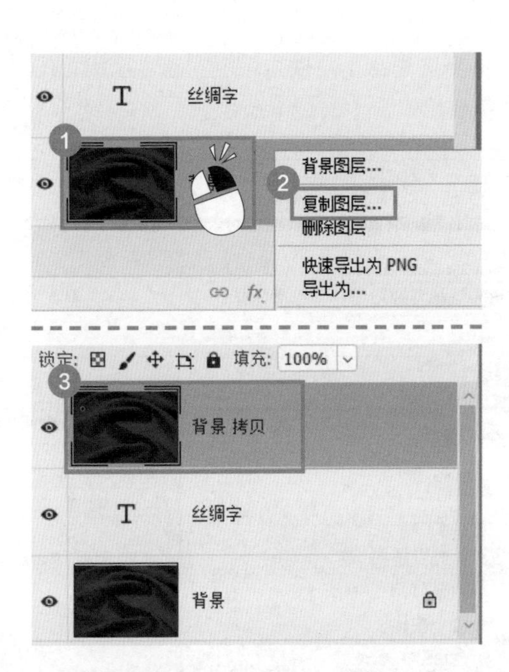

9 选择【背景 拷贝】图层，单击 fx 按钮，在弹出的菜单中选择【混合选项】命令。

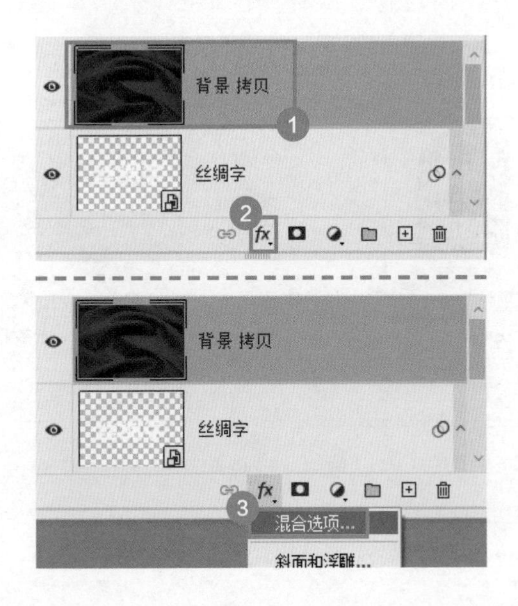

10 在弹出的【混合选项】对话框中，【混合颜色带】选择【红】，【本图层】参数设置时先拖动【本图层】中的整体是白色的三角形图标，然后按住【Alt】键，拖动右边的三角形图标，单击【确定】按钮，操作完成。

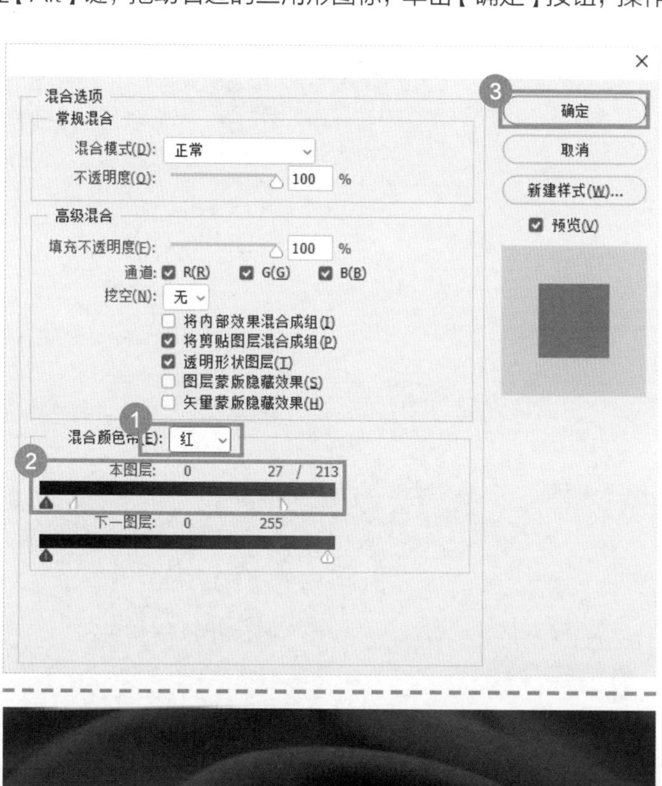

第 2 章 光影特效

光影是渲染画面氛围的重要元素，光影特效在图像美化过程中应用比较广泛，广泛应用于摄影后期、海报设计、广告设计等场景。

扫码回复关键词“秒懂创意特效”，观看配套视频课程

2.1 光效

本节主要介绍如何给图片添加各种光效，让平淡无奇的图片变得更美。

01 如何为照片添加镜头光晕效果？

镜头光晕效果可以让画面变得更加温暖、唯美。该如何添加呢？操作如下。

1 选择【文件】菜单中的【打开】命令，选择文件，单击【打开】按钮，打开素材图片。

2 在【图层】面板中单击【创建新图层】按钮。

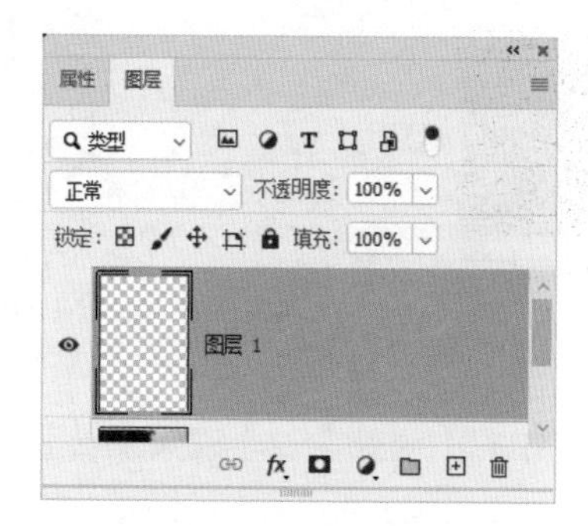

3 在工具栏中单击前景色按钮，在弹出的对话框中将前景色设置为白色。同理，将背景色设置为黑色（R0，G0，B0）。

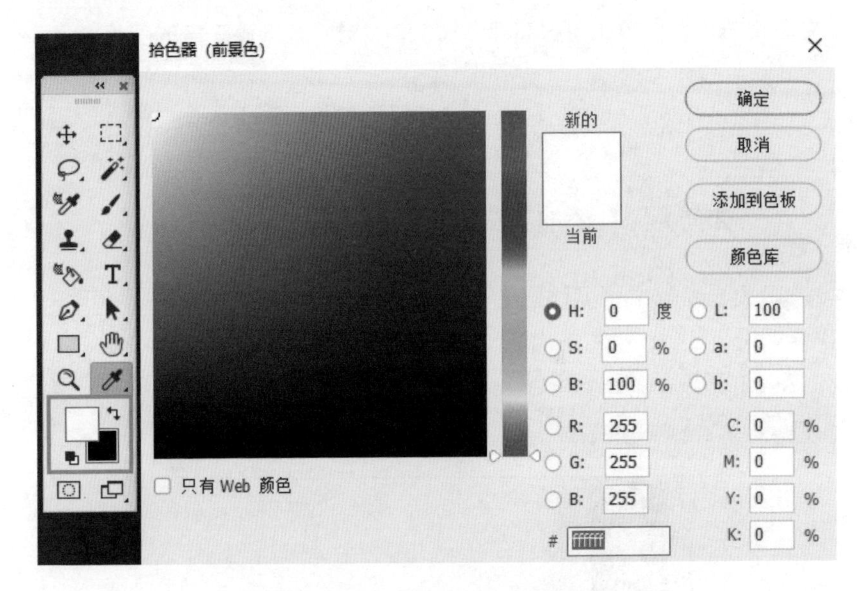

4 按【Ctrl+Delete】快捷键，为图层填充黑色。

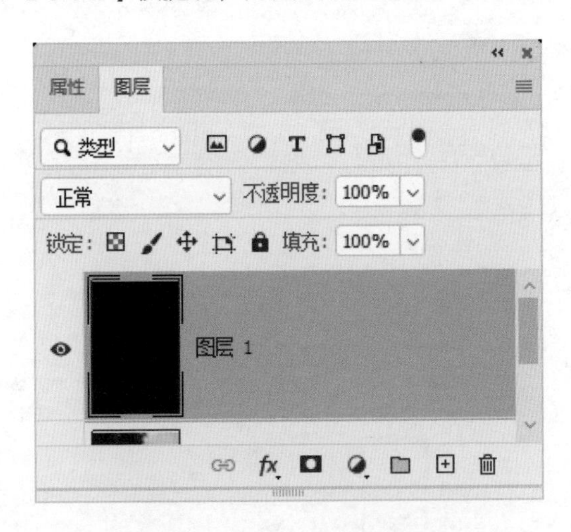

5 选择【滤镜】菜单中的【渲染】→【镜头光晕】命令。

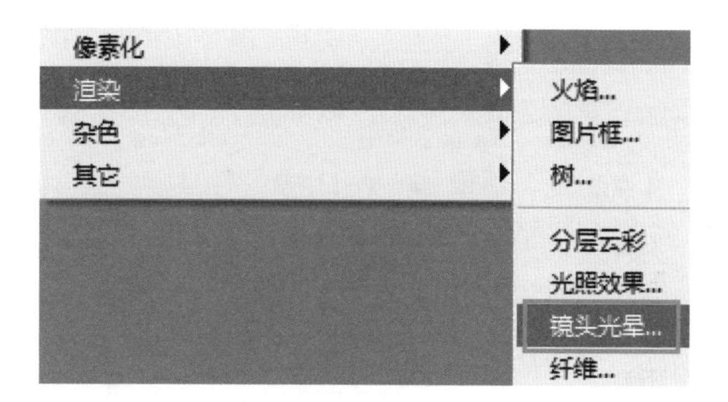

6 在弹出的【镜头光晕】对话框中将光晕拖曳到左上角，参数设置如下图所示，单击【确定】按钮。

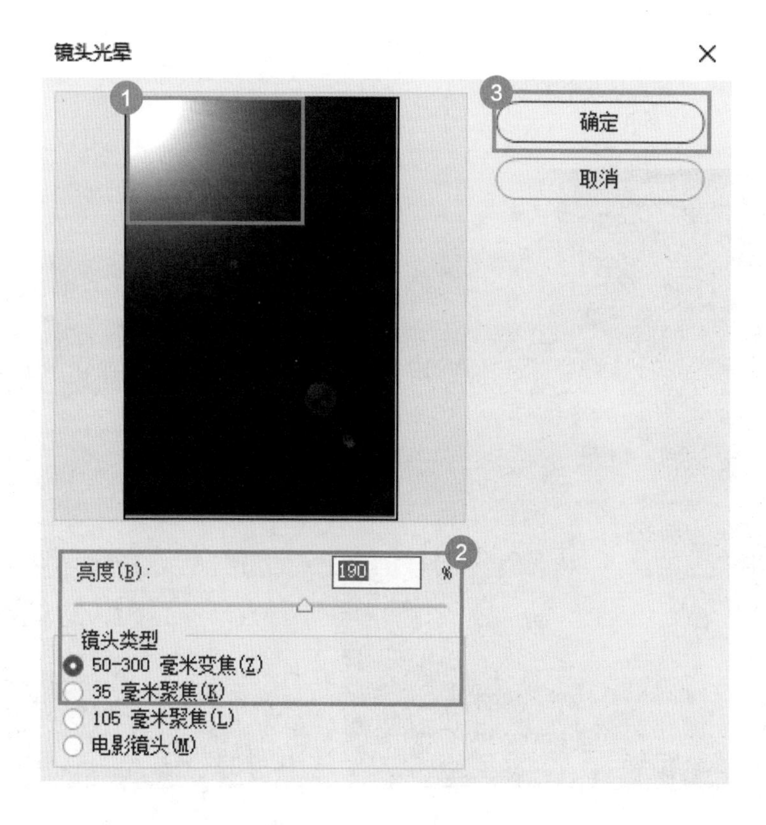

7 将图层混合模式设置为【滤色】，去除黑色，操作完成。

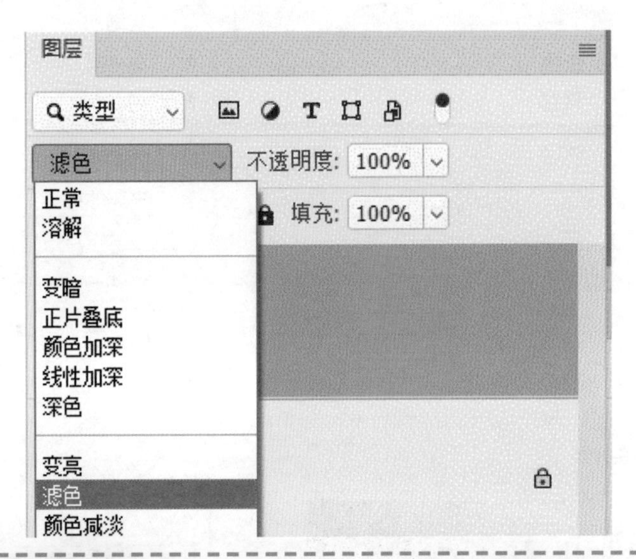

02 如何制作逼真的彩虹？

彩虹并不常见，但是用 Photoshop 可以轻松做出彩虹效果，操作如下。

1 选择【文件】菜单中的【打开】命令，选择文件，单击【打开】按钮，打开素材图片。

2 在【图层】面板中单击【创建新图层】按钮。

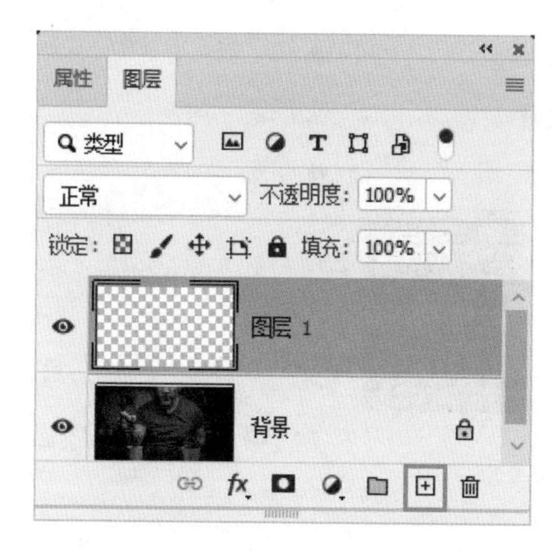

3 单击工具栏中的前景色按钮，将前景色设置为白色。同理，将背景色设置为黑色。

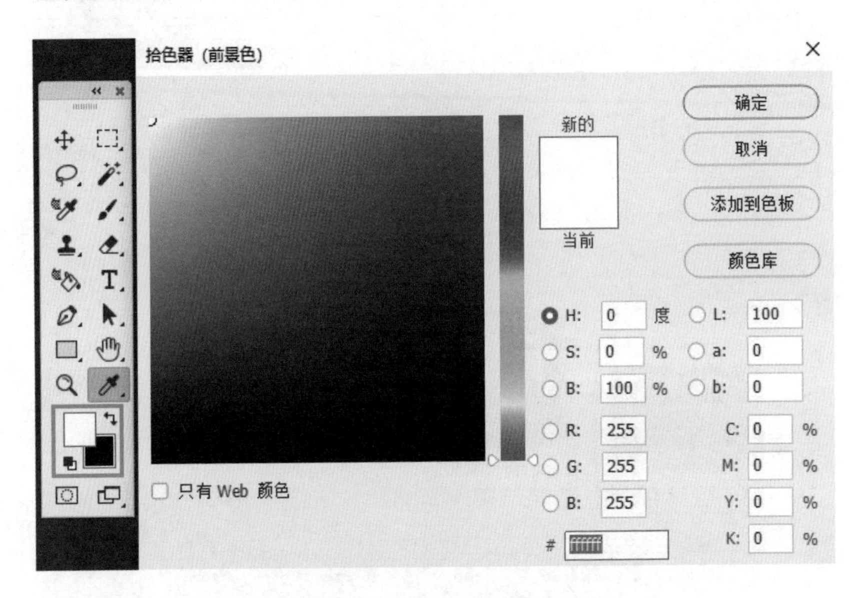

4 按【Ctrl+Delete】快捷键，为图层填充黑色。

5 选择工具栏中的渐变工具，在上方的选项栏中单击按钮，选择彩虹渐变，单击【径向渐变】按钮。

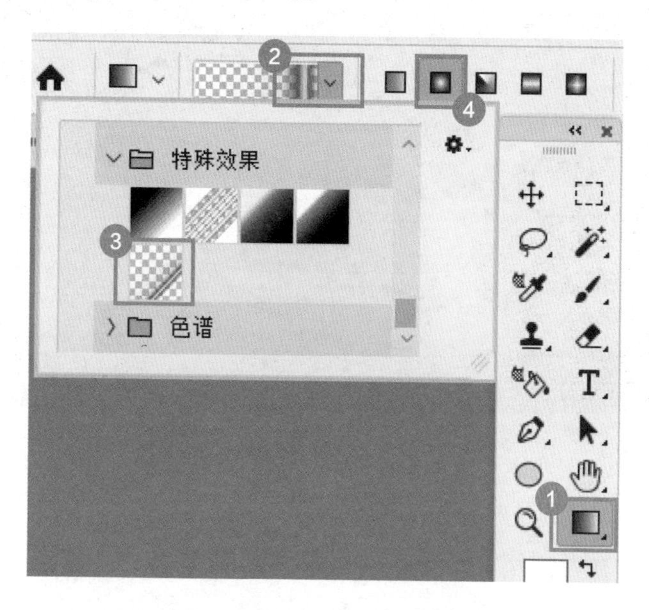

6 将图层混合模式设置为【滤色】，去掉黑色。

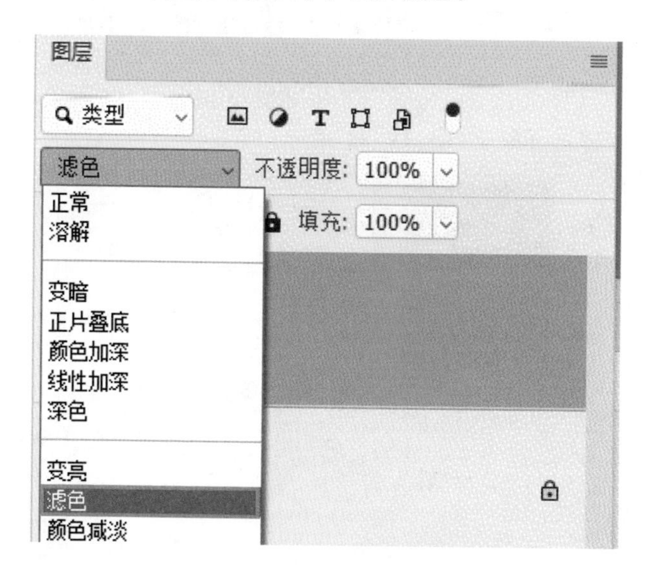

7 选择工具栏中的渐变工具，在图像中水平拖曳出一个圆形渐变。

8 在【图层】面板中选择【图层 1】，单击下方的【添加图层蒙版】按钮，可以看到添加了图层蒙版。

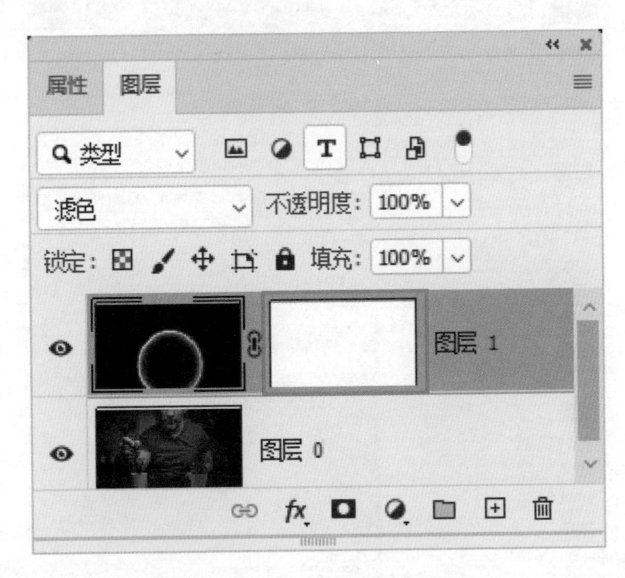

9 在工具栏中单击前景色按钮，将前景色设置为黑色，单击【确定】按钮。

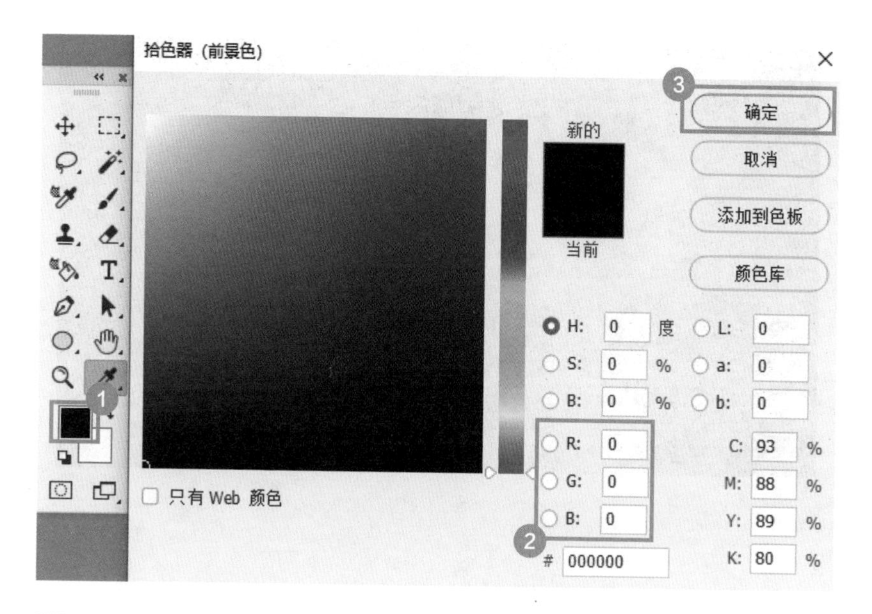

10 选择白色蒙版图层，使用画笔工具在彩虹下方涂抹，操作完毕。

03 如何给人像照片添加唯美光斑？

如何让自己的照片变得更美？我们可以试试为照片添加唯美光斑，让照片有如梦似幻的感觉，操作如下。

1 选择【文件】菜单中的【打开】命令，按住【Ctrl】键，选择2个文件，单击【打开】按钮，打开素材图片。

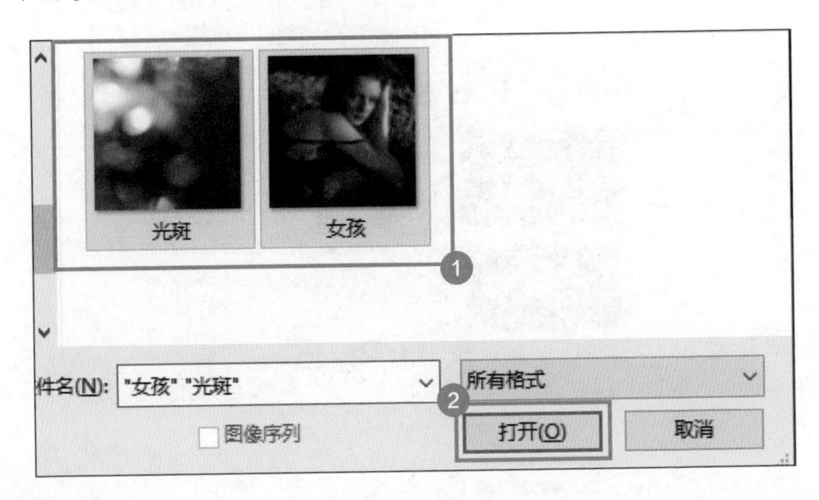

2 选择工具栏中的移动工具，拖动光斑图片到女孩文件。

3 选择工具栏中的移动工具，移动光斑图片到合适位置，直至 2 张图片完全重合。

4 将图层混合模式设置为【滤色】，去除黑色，操作完成。

04 如何制作丁达尔光效？

电影、绘画、摄影作品中经常使用丁达尔光效为作品添加神圣、崇高的感觉。如何使用 Photoshop 设计出来呢？操作如下。

1 打开素材图片，在【图层】面板中单击【创建新图层】按钮。

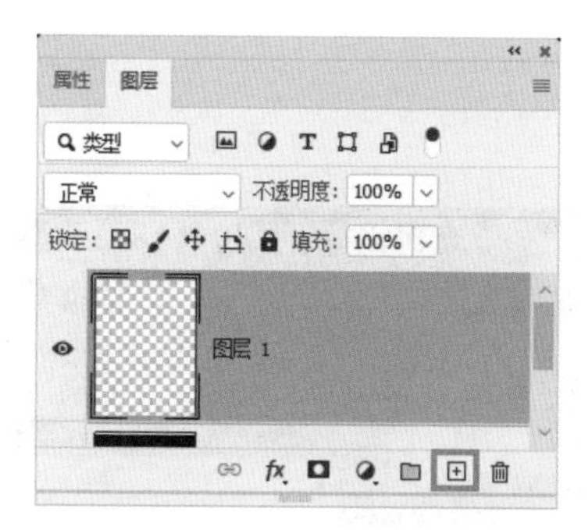

2 按【Ctrl+Alt+2】快捷键，将高光区域变成选区。

3 将前景色设置为白色，单击【确定】按钮。

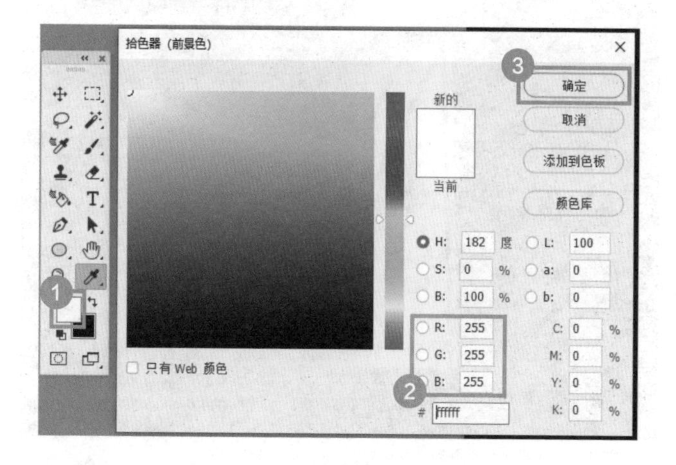

4 选择【图层 1】图层，按快捷键【Alt+Delete】，填充白色到选区，按快捷键【Ctrl+D】取消选区。

5 选择【滤镜】菜单中的【模糊】→【径向模糊】命令。

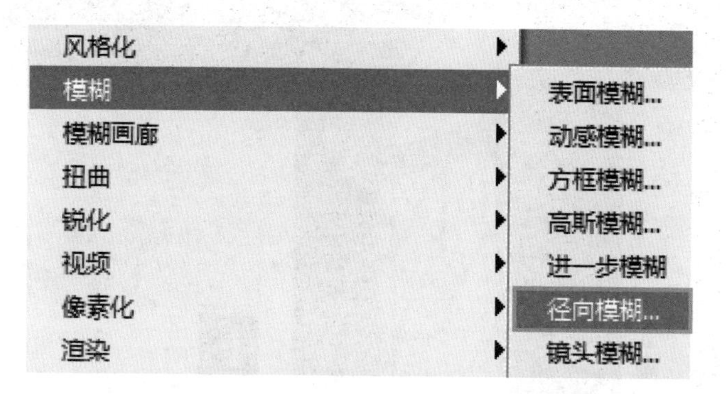

6 在弹出的【径向模糊】对话框中，将【数量】设置为 100，【模糊方法】设置为【缩放】，在【中心模糊】中将中心点拖曳到左上角，单击【确定】按钮。模拟阳光穿透窗户的效果就做好了。

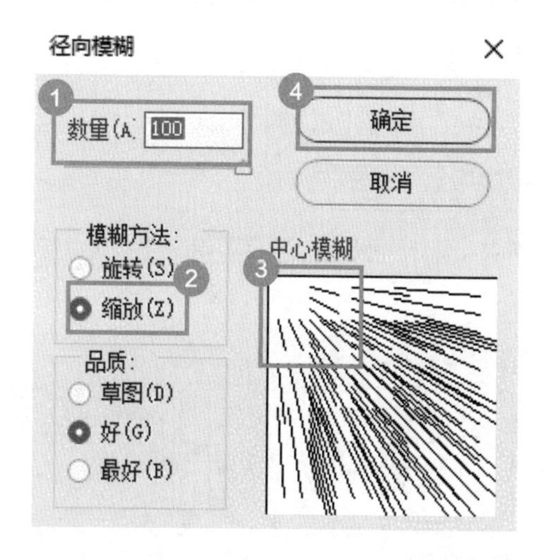

7 选择工具栏中的移动工具，移动“阳光”到合适位置，直至和窗户完全重合。

8 选择【图层 1】图层，单击【添加图层蒙版】按钮，可以看到添加了图层蒙版。

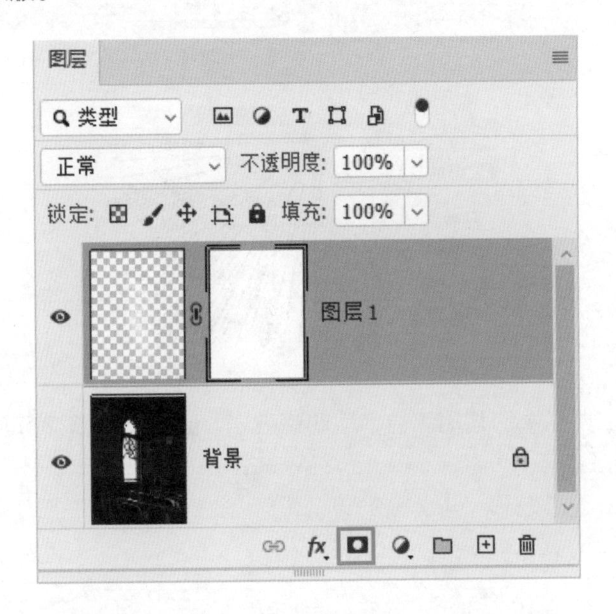

9 将前景色设置为黑色，单击【确定】按钮。

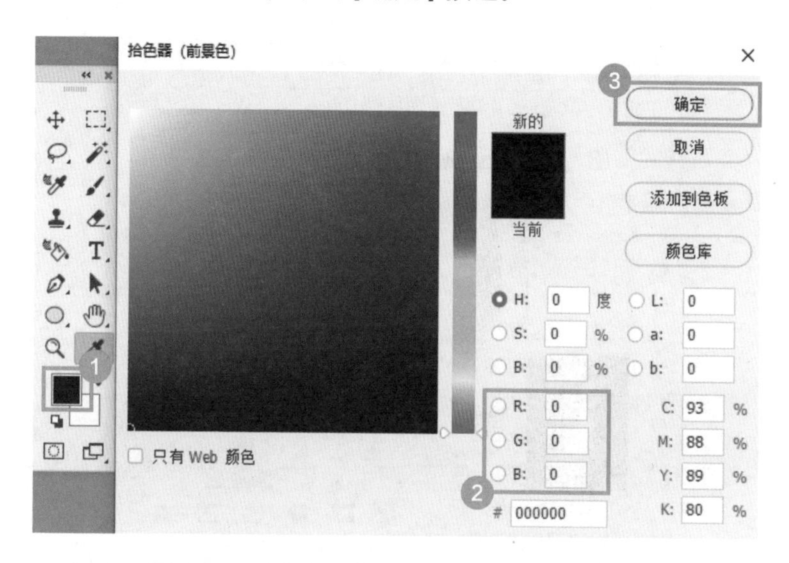

10 使用画笔工具涂抹窗户旁边的墙壁部分，操作完毕。

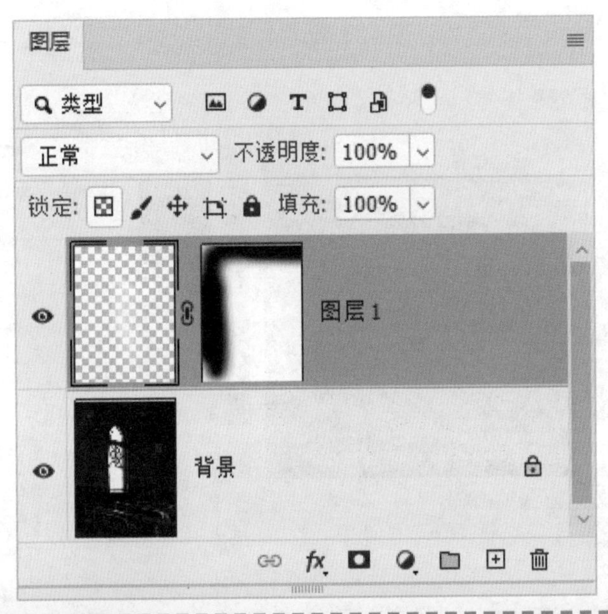
图层
类型
正常
不透明度: 100%
锁定:
填充: 100%
图层 1
背景

05 如何制作闪电效果?

酷炫的闪电效果经常会用在合成设计中，下面介绍如何使用 Photoshop 制作一个闪电效果，操作如下。

1 打开素材图片，在【图层】面板中单击【创建新图层】按钮，新建一个空白图层。

2 将前景色设置为白色，将背景色设置为黑色。

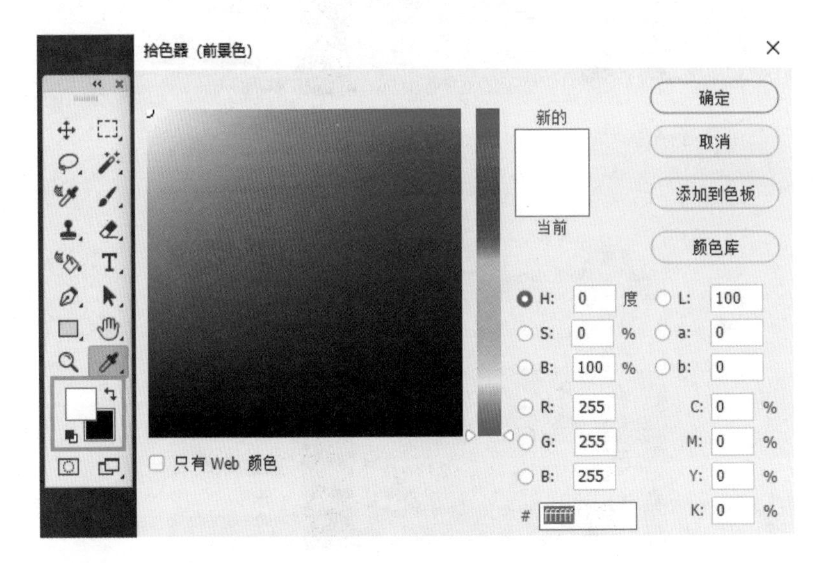

3 按【Ctrl+Delete】快捷键，为图层填充黑色。

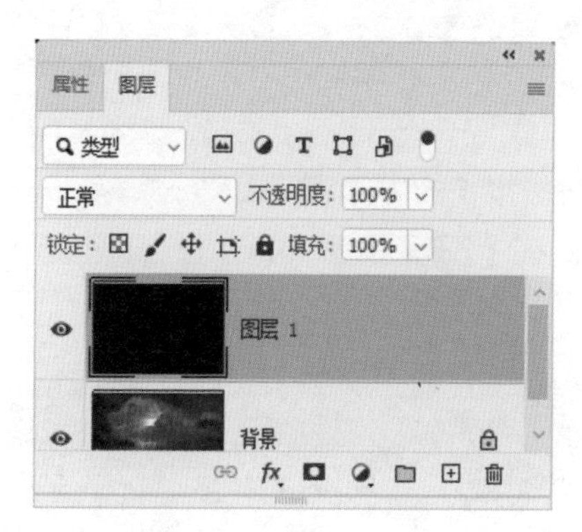

4 选择【滤镜】菜单中的【渲染】→【云彩】命令。

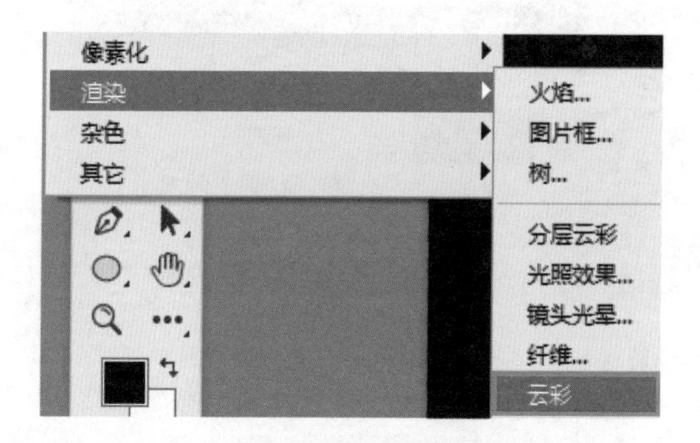

5 选择【滤镜】菜单中的【渲染】→【分层云彩】命令，将云彩的黑白颜色分开。

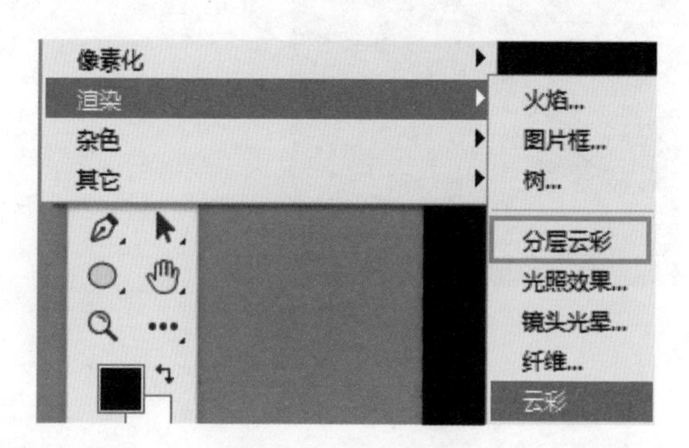

6 按【Ctrl+I】快捷键，将云彩颜色反相。

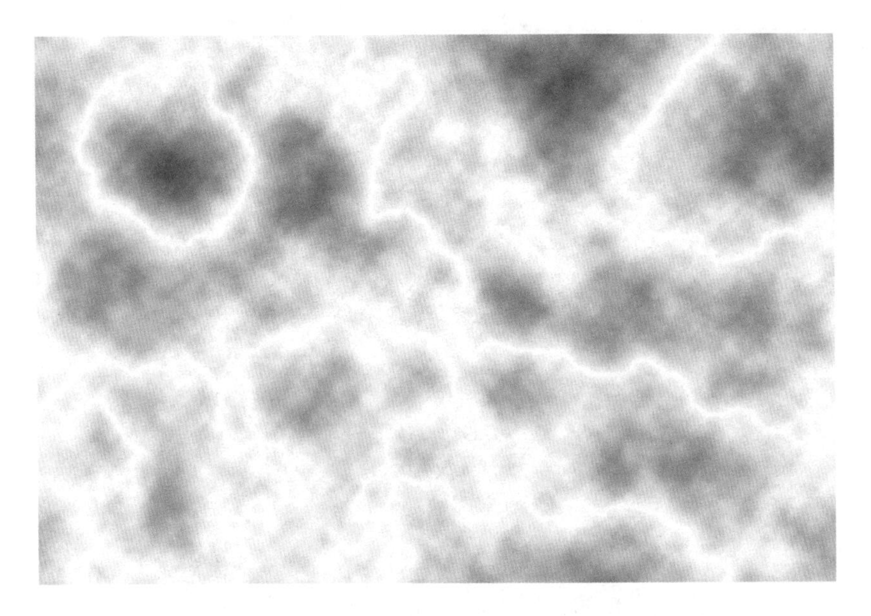

7 将图层混合模式设置为【颜色减淡】，去掉图像中的黑色。

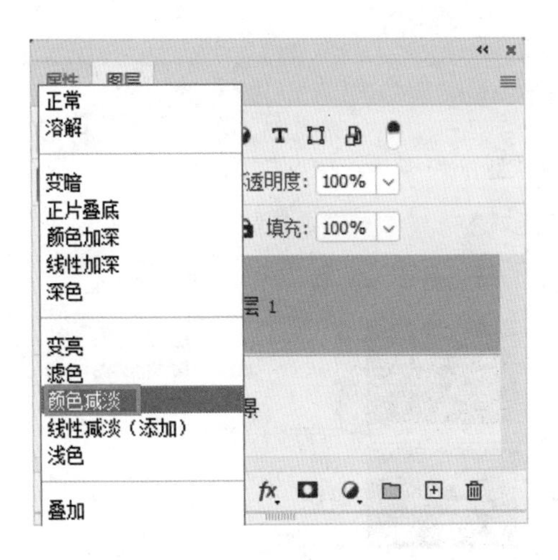

8 按【Ctrl+L】快捷键，打开【色阶】对话框，调整云彩图层的明暗对比，单击【确定】按钮。

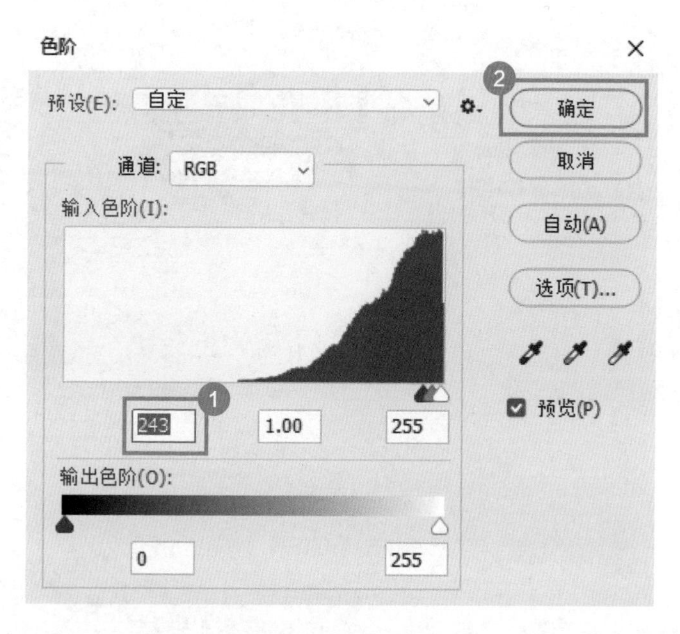

9 选择【图层 1】图层，单击【添加图层蒙版】按钮，可以看到添加了图层蒙版。

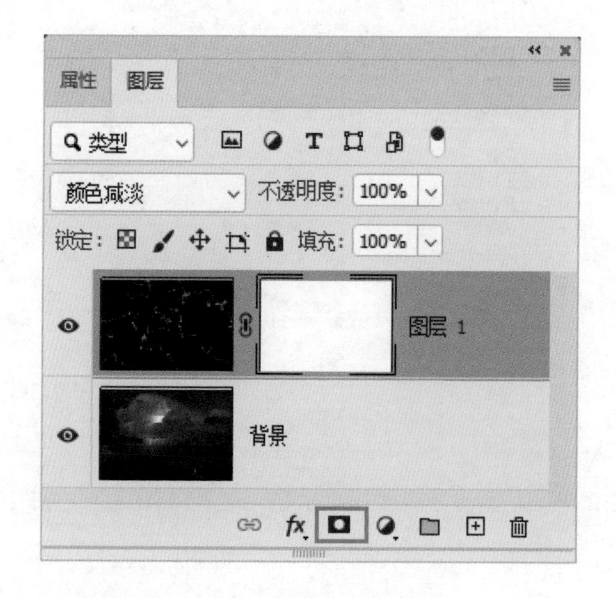

10 将前景色设置为黑色。

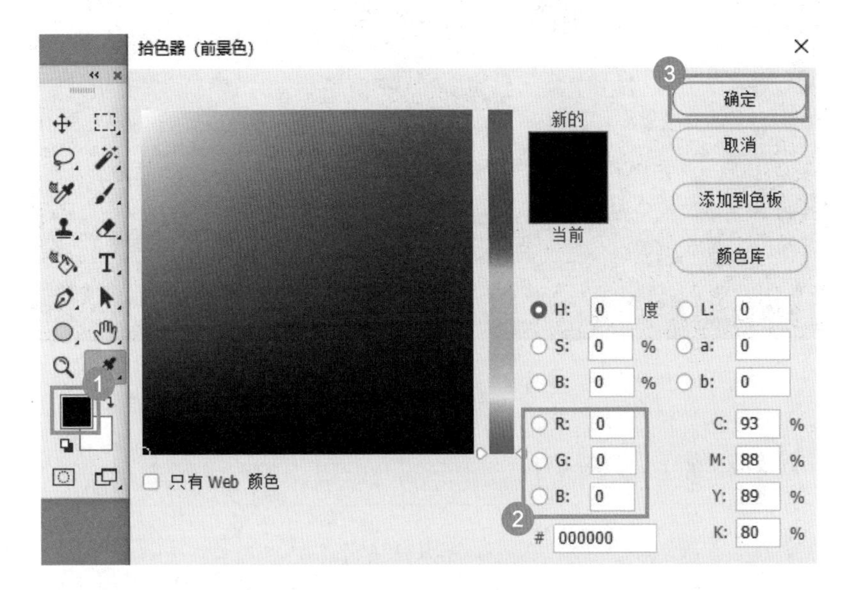

11 使用画笔工具涂抹多余的闪电，操作完毕。

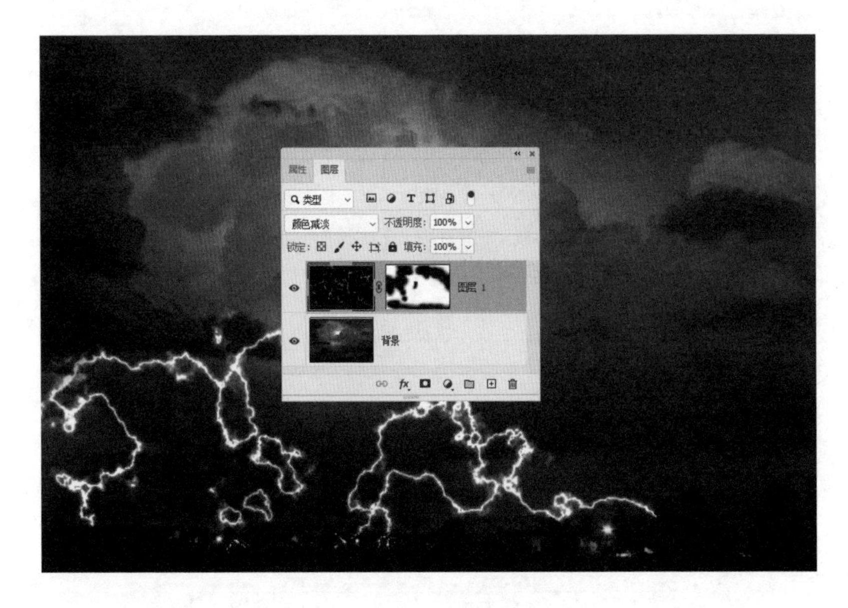

06 如何给夜空添加星轨?

很多人喜欢拍天空、拍星轨，但是又没有足够的条件去完成拍摄。如果需要星轨效果的照片，怎么办？通过教程具体学习一下吧。

1 选择【文件】菜单中的【打开】命令，按住【Ctrl】键，选择 2 个文件，单击【打开】按钮，打开素材图片。

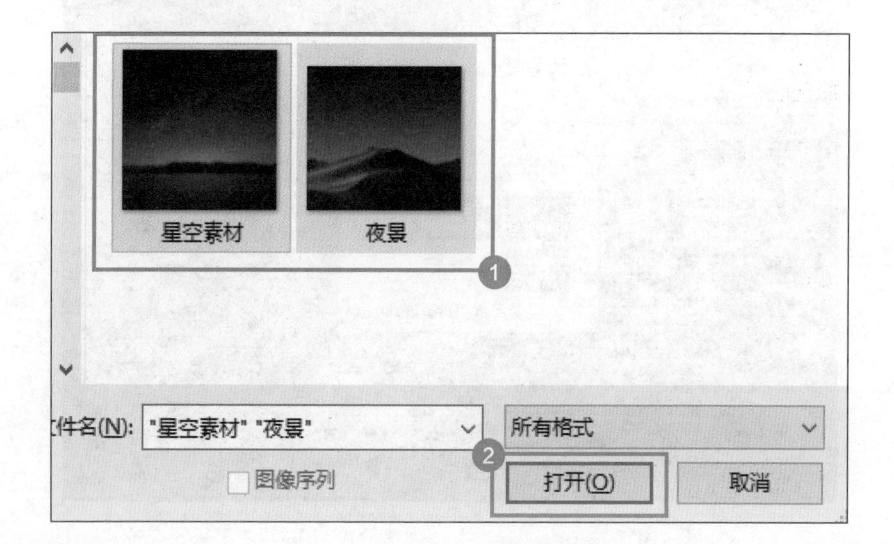

2 选择工具栏中的快速选择工具，画出下图所示的选区，按【Delete】键删除选中的天空部分，按快捷键【Ctrl+D】取消选区。

3 选择工具栏中的移动工具，移动星空图片到夜景图片中。

4 选择移动工具，按住【图层 2】向下拖曳，将其移至【图层 1】下方。

5 复制【图层 2】，将【图层 2 拷贝】的图层混合模式设置为【变亮】，去除黑色。

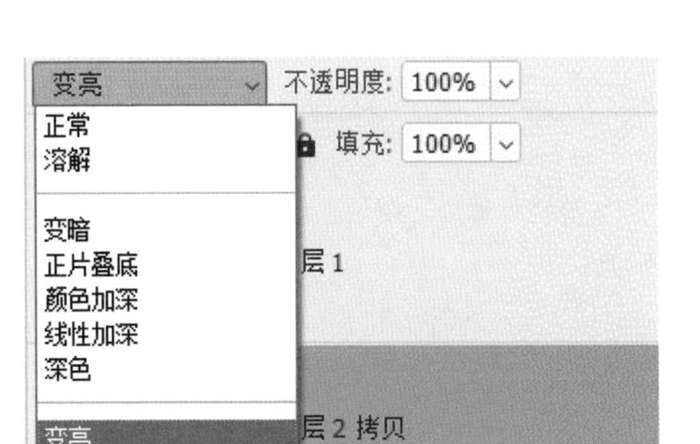

6 选择【编辑】菜单中的【自由变换】命令，在上方的选项栏中将旋转角度设置为 0.1 度，按【Enter】键确定。

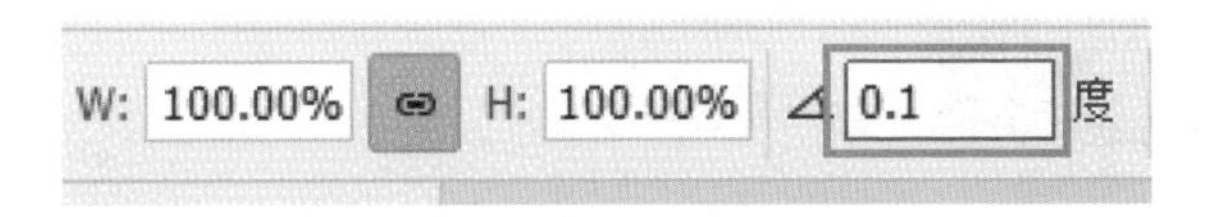

7 按 60 次快捷键【Ctrl+Alt+Shift+T】，星轨效果就完成了。

07 如何为壁纸添加火焰魔幻特效？

火焰素材大多带有黑色的背景，如何通过简单的方法将火焰添加到其他场景中呢？

1 选择【文件】菜单中的【打开】命令，按住【Ctrl】键，选择4个文件，单击【打开】按钮，打开素材图片。

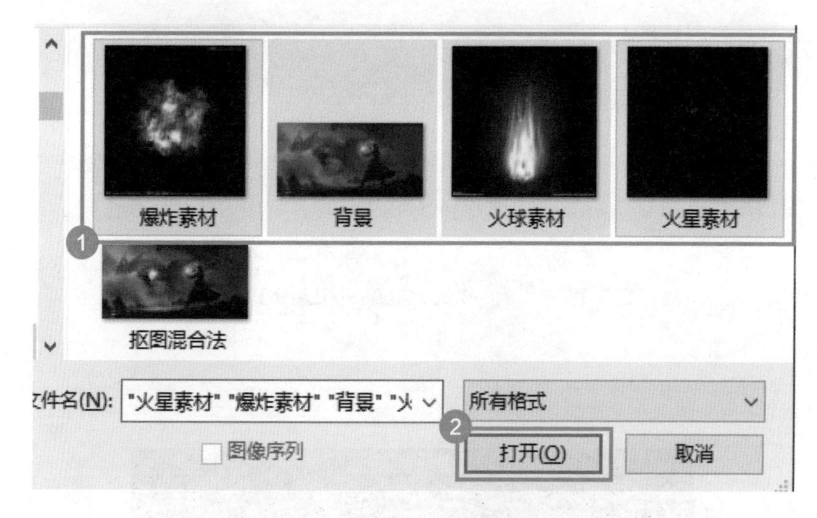

2 选择工具栏中的移动工具，拖动火球素材图片到背景图片上。

3 按快捷键【Ctrl+T】，将火球素材图片调整至合适的大小并顺时针旋转大约 90°，使之恰好“打”在龙头的位置，按【Enter】键确定。

4 将图层混合模式设置为【滤色】，去除图像中的黑色。

5 选择移动工具，拖动爆炸素材图片到背景图片上。按快捷键【Ctrl+T】，调整爆炸素材图片到合适的大小。

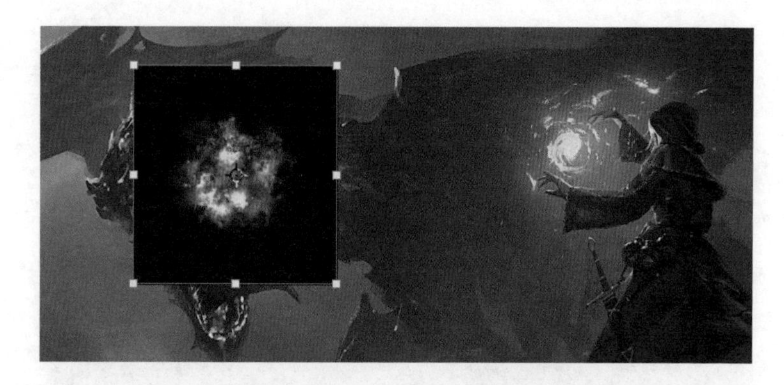

6 将图层混合模式设置为【滤色】，去除图像中的黑色。

7 选择移动工具，拖动火星素材图片到背景图片上。

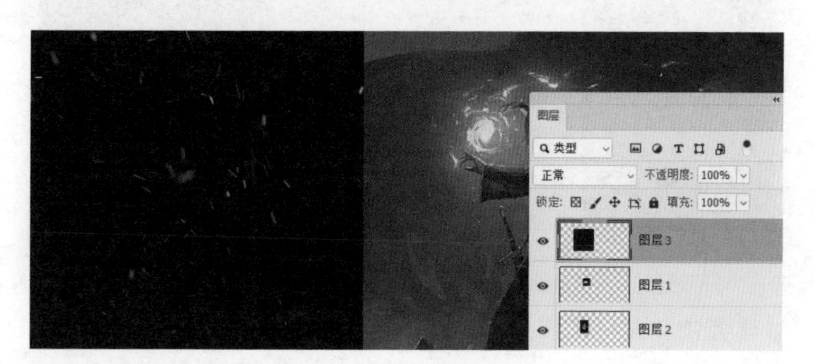

8 将火星素材图片调整到合适的大小。

9 将图层混合模式设置为【滤色】，去除图像中的黑色，操作完成。

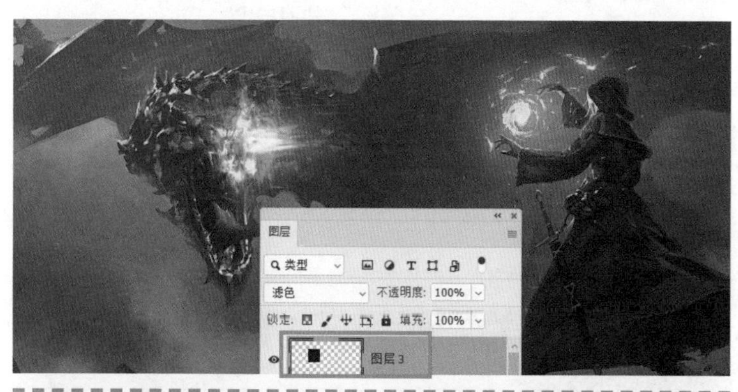

08 如何制作梦幻星芒？

使用模糊滤镜，简单几个步骤就能轻松做出星芒效果，操作如下。

1 打开素材图片，右键单击【背景】图层，在弹出的菜单中选择【复制图层】命令。

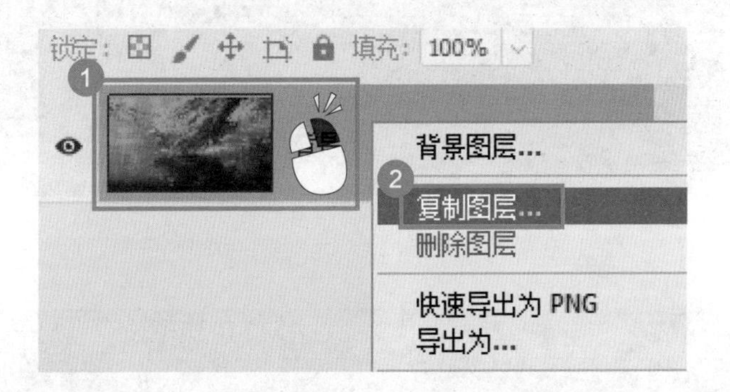

2 选择【滤镜】菜单中的【模糊】→【动感模糊】命令，设置参数，如下图所示。

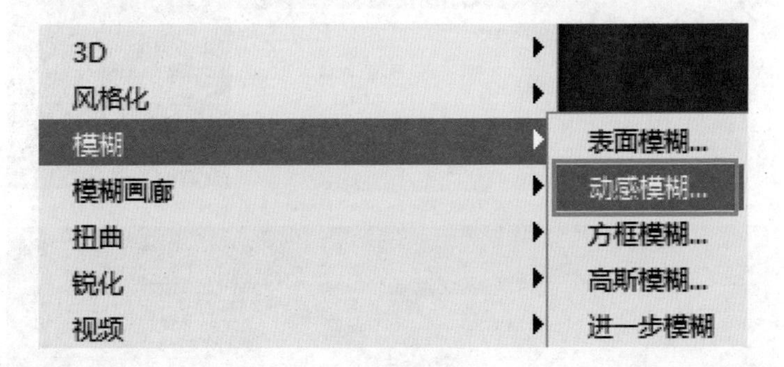

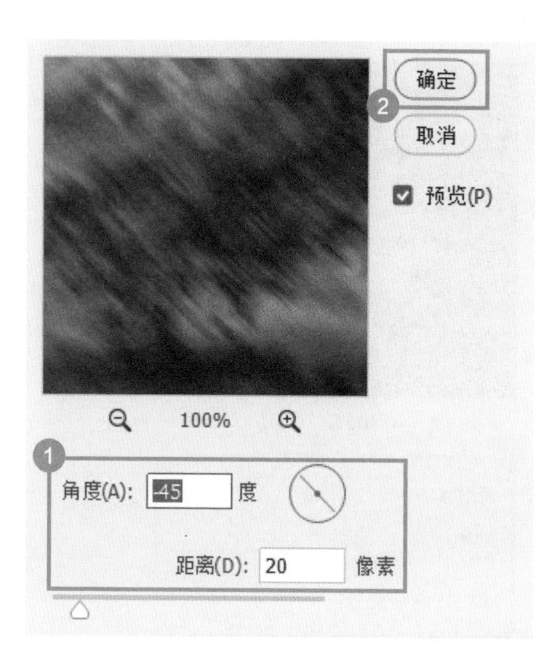

3 将图层混合模式设置为【变亮】。

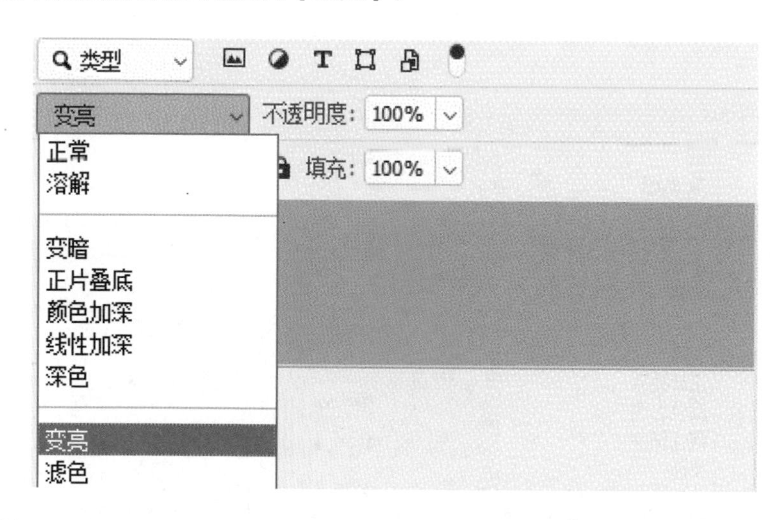

4 再次复制【背景】图层，并为复制的图层应用动感模糊滤镜，参数设置如下页图所示。

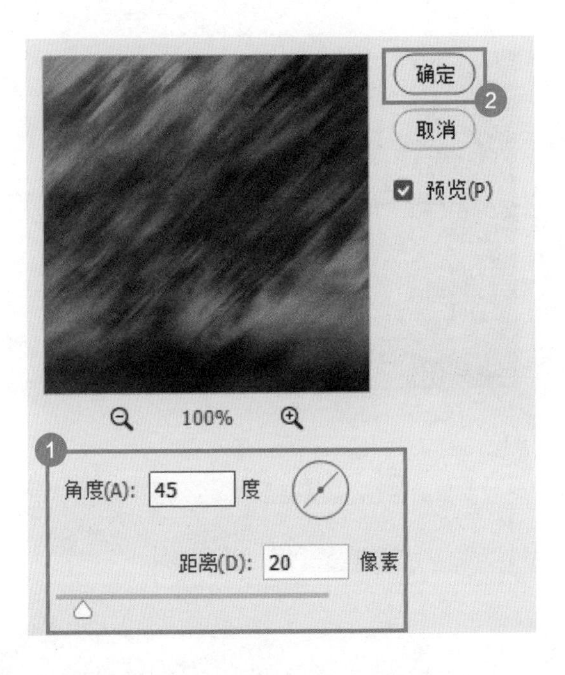

提示

这里设置的【角度】与第 2 步操作中的不同，这样才能做出星芒效果。

5 将图层混合模式设置为【变亮】，操作完成。

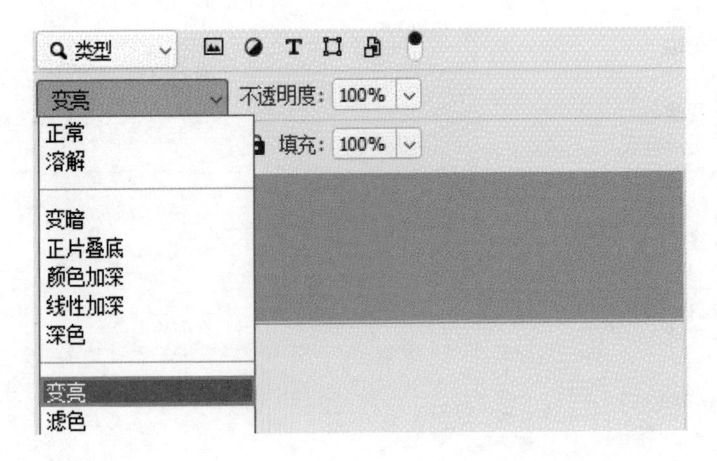

2.2 阴影和倒影效果

本节主要介绍如何给图片添加阴影或倒影效果，让图片变得更真实。

01 如何制作逼真水面倒影？

使用杂色滤镜和模糊滤镜功能就可以制作逼真的倒影效果，操作如下。

1 打开素材图片，在【图层】面板中单击【创建新图层】按钮。

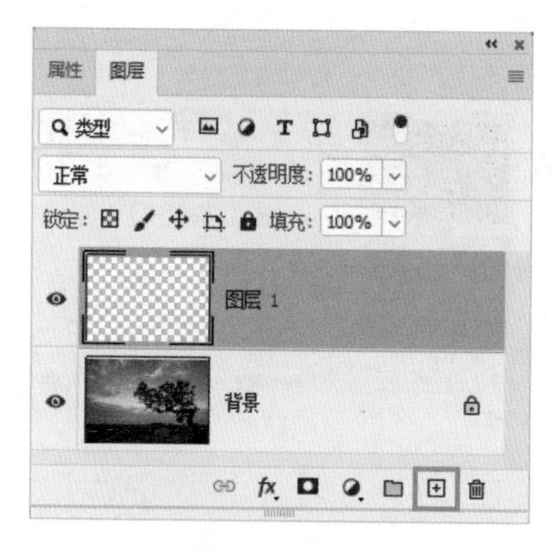

2 单击工具栏中的前景色按钮，将前景色设置为白色，将背景色设置为黑色。

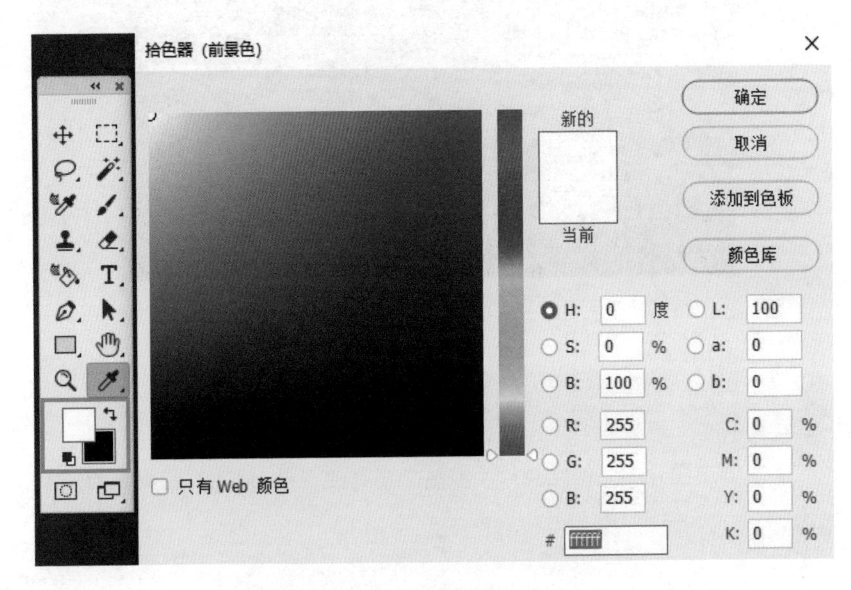

3 按【Ctrl+Delete】快捷键，为图层填充黑色。

4 选择【滤镜】菜单中的【杂色】→【添加杂色】命令。

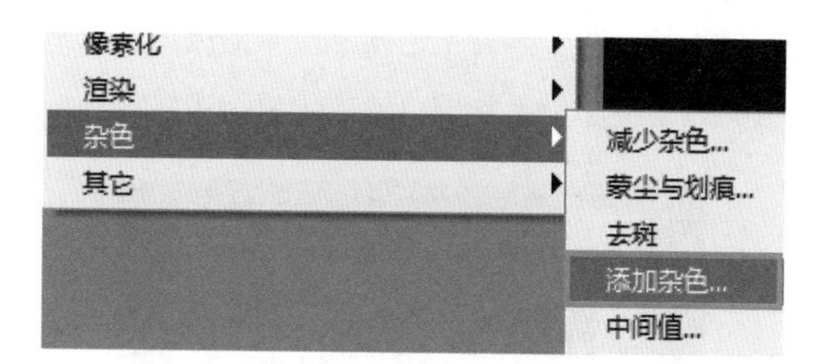

5 在弹出的【添加杂色】对话框中设置参数，单击【确定】按钮。

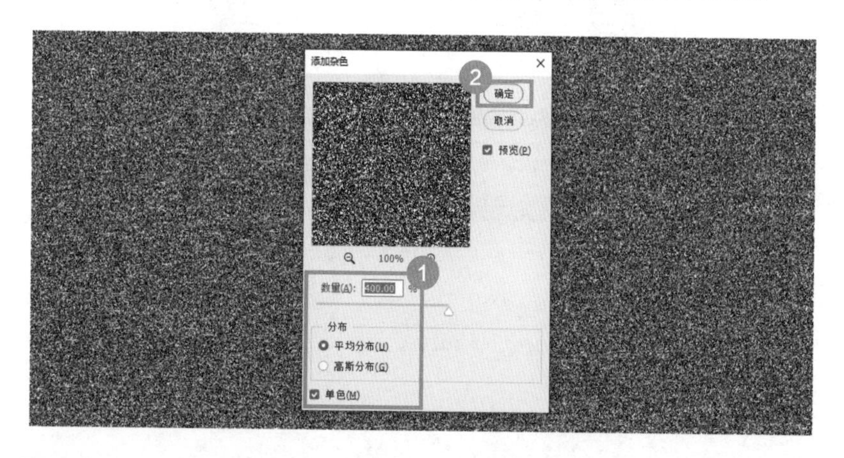

6 选择【滤镜】菜单中的【模糊】→【高斯模糊】命令，在弹出的【高斯模糊】对话框中将【半径】设置为 1.5 像素，单击【确定】按钮。

7 单击【红】通道，选择【滤镜】菜单中的【风格化】→【浮雕效果】命令，在弹出的对话框中设置参数，单击【确定】按钮。

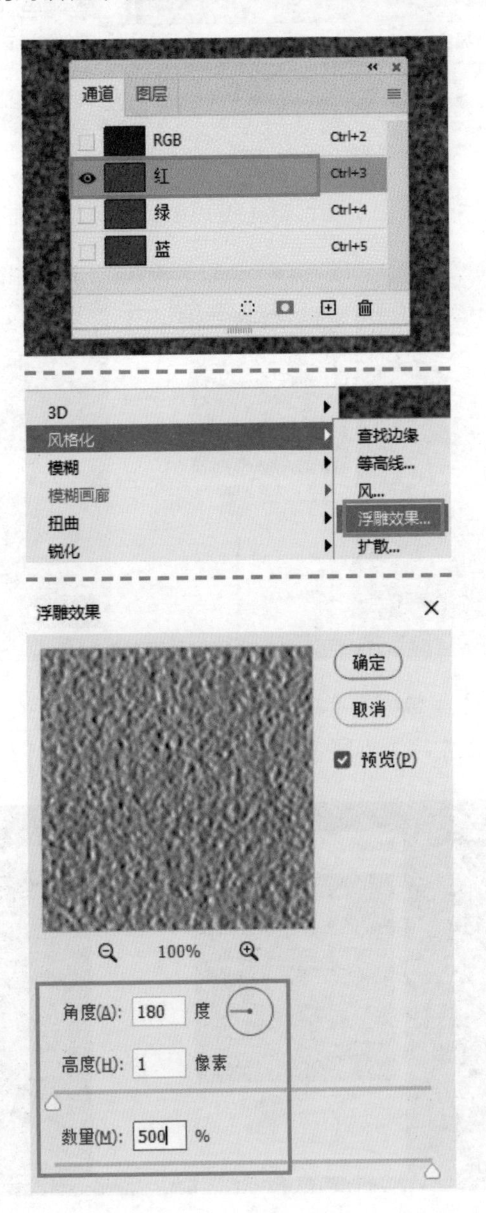

8 单击【绿】通道，选择【滤镜】菜单中的【风格化】→【浮雕效果】命令，在弹出的对话框中设置参数，单击【确定】按钮。

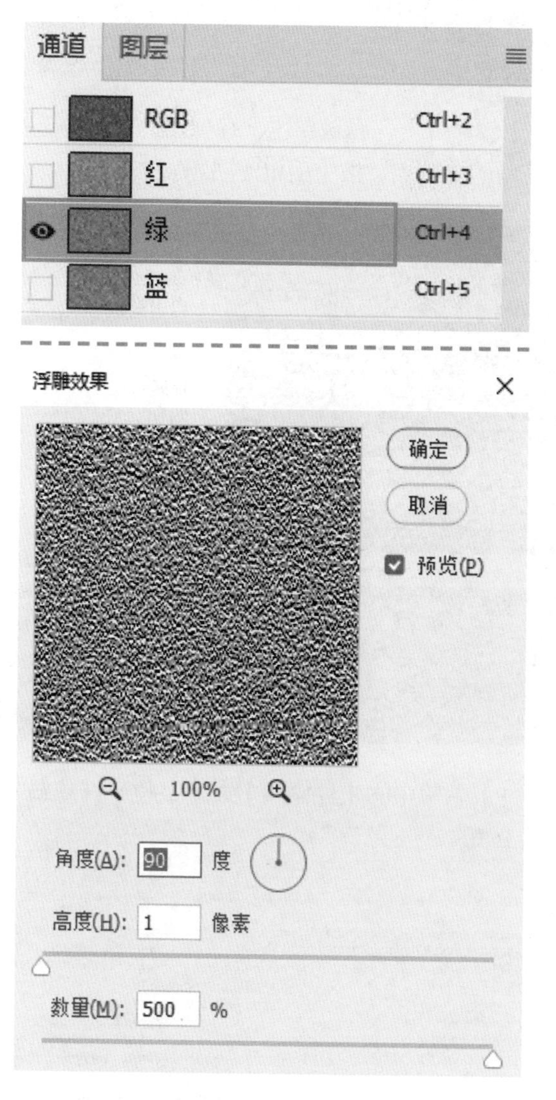

9 单击【RGB】通道，然后单击【图层】面板。

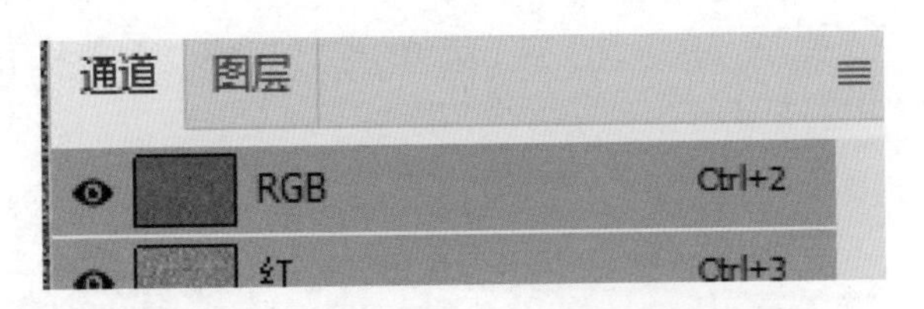

10 按快捷键【Ctrl+T】，右键单击，在弹出的菜单中选择【透视】，向右拖动右下角的控制点，按【Enter】键确定。

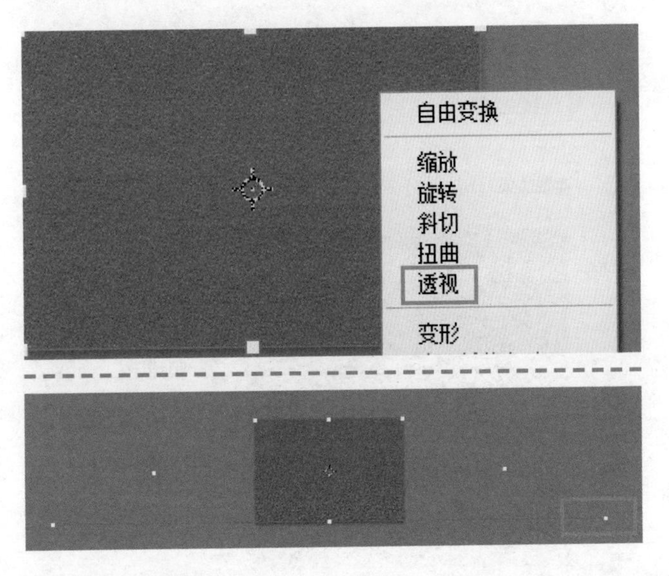

11 选择【文件】菜单中的【存储为】命令，将文件命名为“置换”，单击【保存】按钮。

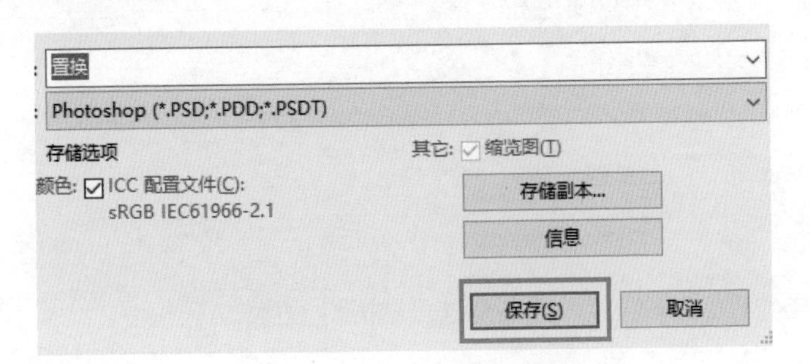

12 在【图层】面板中单击【指示图层可见性】，将图层 1 隐藏。单击背景图层上的锁图标，解锁背景图层。

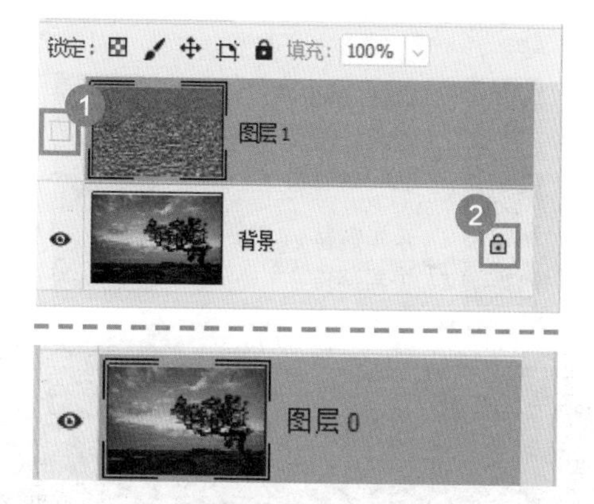

13 选择裁剪工具，选择下方的控制点，向下拖动，按【Enter】键确定。

14 选择【图层 0】，按快捷键【Ctrl+J】复制图层。

15 选择【图层 0 拷贝】，按快捷键【Ctrl+T】，右键单击，选择【垂直翻转】，将翻转后的图片向下拖曳，使之正好填补【图层 0】中的空白区域，按【Enter】键确定。

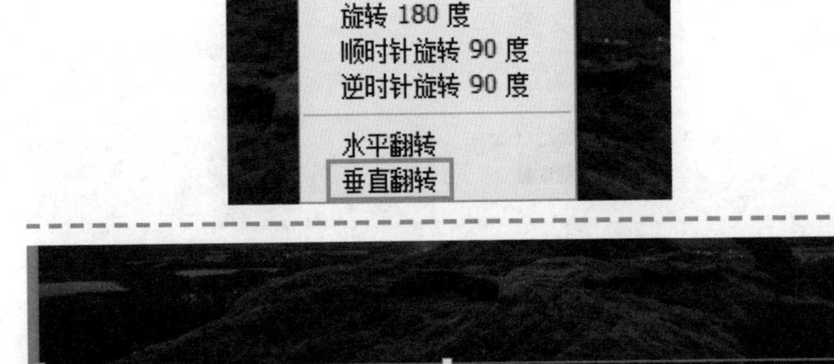

16 选择【滤镜】菜单中的【扭曲】→【置换】命令，在弹出的对话框中设置参数，单击【确定】按钮。

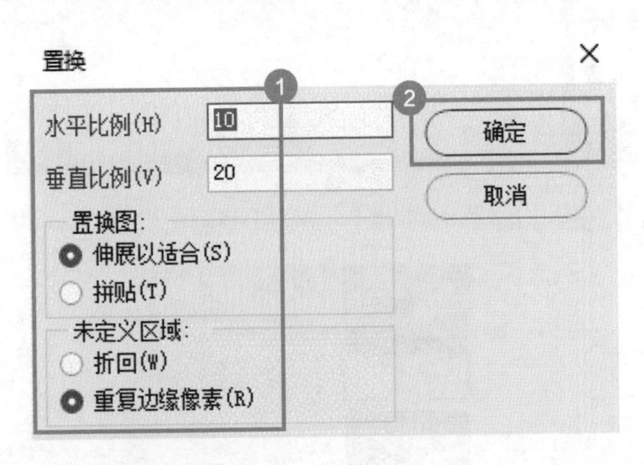

17 在弹出的对话框中选择文件“置换”，单击【打开】按钮，操作完成。

02 如何给物体添加投影?

有光就有影。投影是一种自然现象，在设计中，我们需要遵循自然的原则，让物体看起来更加自然真实，操作如下。

1 选择【文件】菜单中的【打开】命令，选择文件，单击【打开】按钮，打开素材图片。

2 在【图层】面板中单击【创建新图层】按钮。

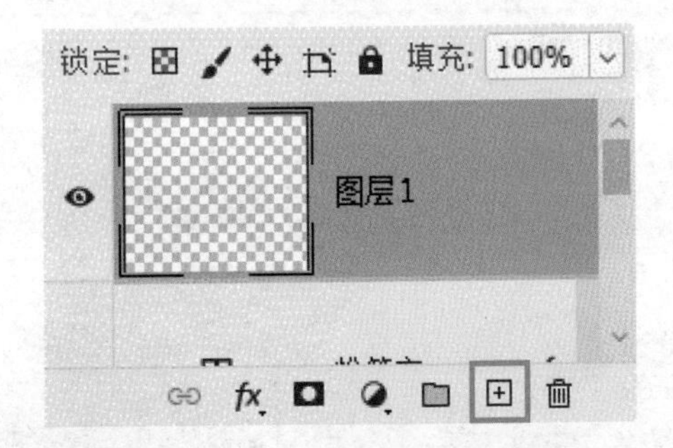

3 单击工具栏中的前景色按钮，将前景色设置为黑色，单击【确定】按钮。

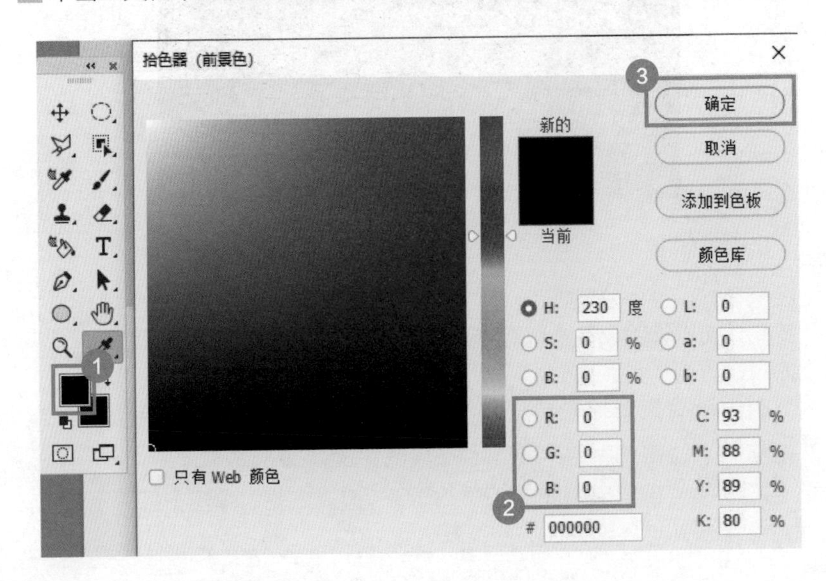

4 选择画笔工具，右键单击工作区域，选择【柔边圆】，设置参数如下所示。

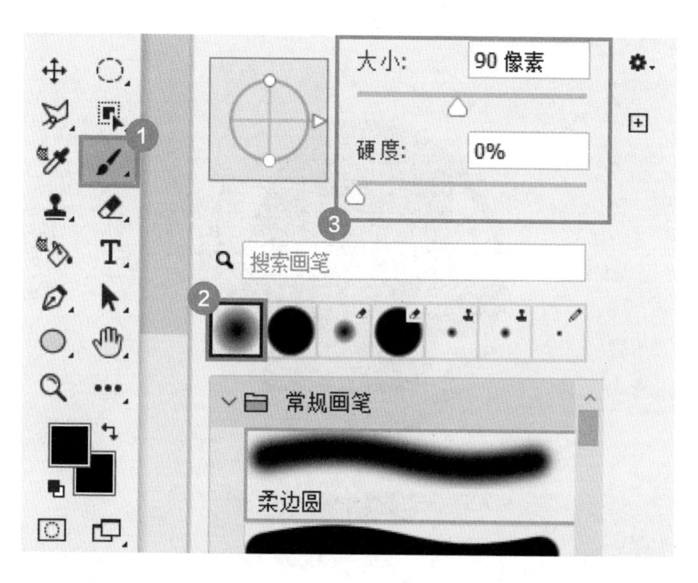

5 选择【图层 1】，使用画笔工具在篮球下方单击一下。

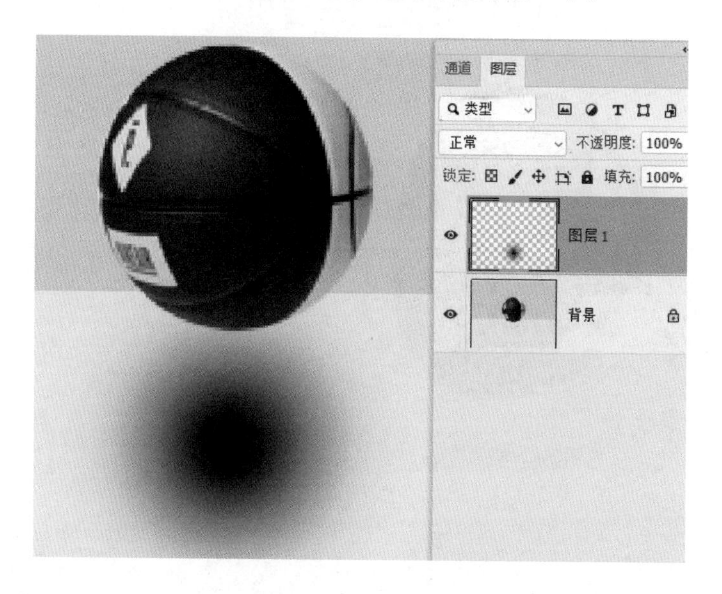

6 选择【编辑】菜单中的【自由变换】命令，按【Alt+Shift】快捷键，按住下方中间的控制点向上拖曳，将“阴影”压扁到合适大小，按【Enter】键确定。

7 将【图层 1】的【不透明度】修改为50%，操作完成。

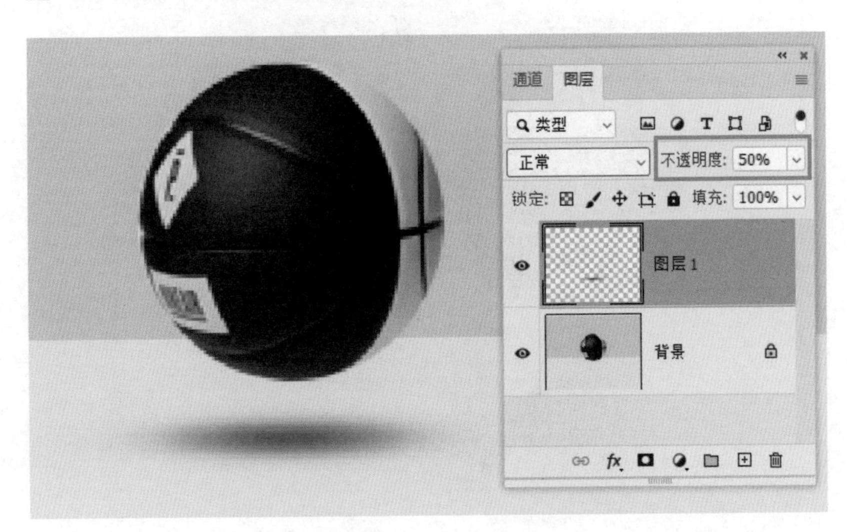

03 如何给瓶子添加倒影？

倒影和投影不同，倒影一般会在镜面或玻璃上出现。如果想表现物体的通透性，可以试试添加倒影。

1 打开素材图片，右键单击【图层 1】图层，在弹出的菜单中选择【复制图层】。

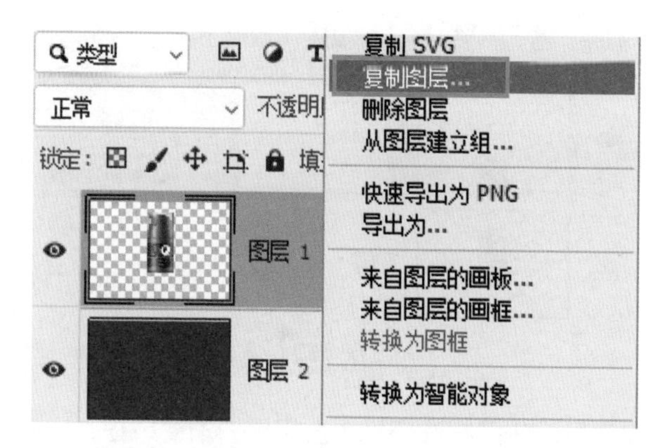

2 按快捷键【Ctrl+T】应用自由变换，右键单击画布，在弹出的菜单中选择【垂直翻转】命令，将复制的图像移动到下图所示的位置，按【Enter】键确定。

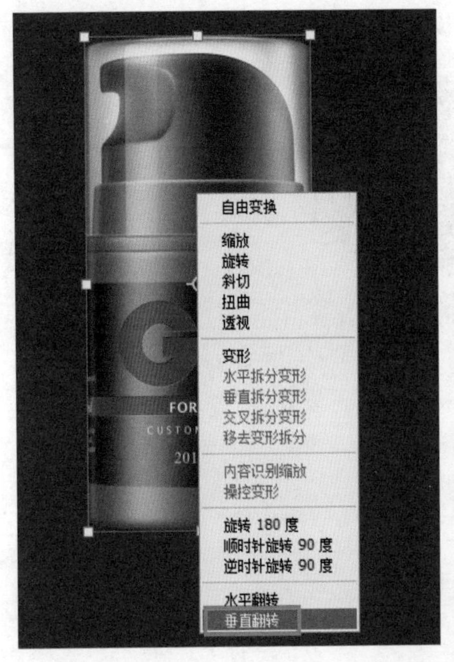

3 选择【图层 1 拷贝】图层，单击【添加图层蒙版】按钮。

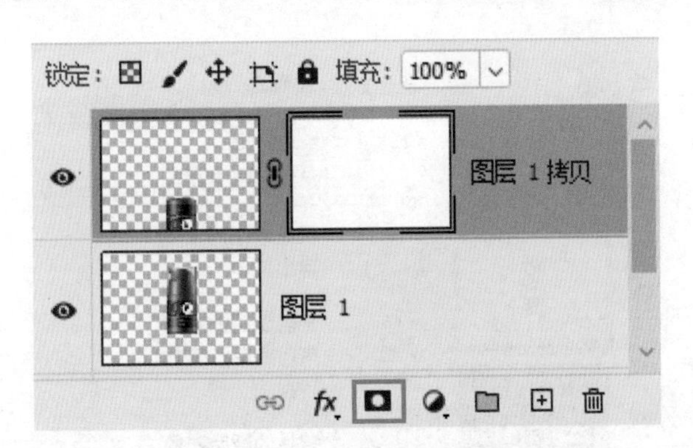

4 单击渐变工具，在上方选项栏中选择黑白渐变，在弹出的对话框中设置参数，单击【确定】按钮。

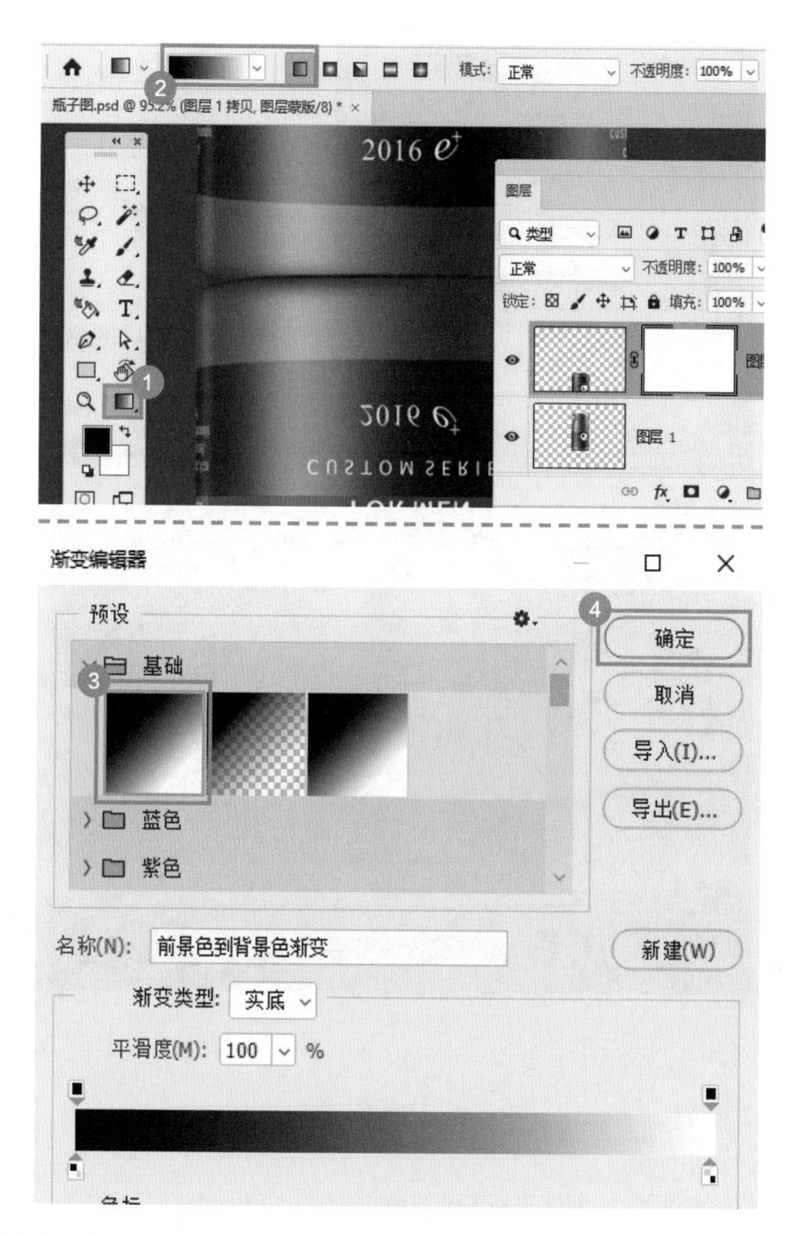

5 选择蒙版图层，使用渐变工具在工作区向上拖曳，为图像添加渐变效果，操作完成。

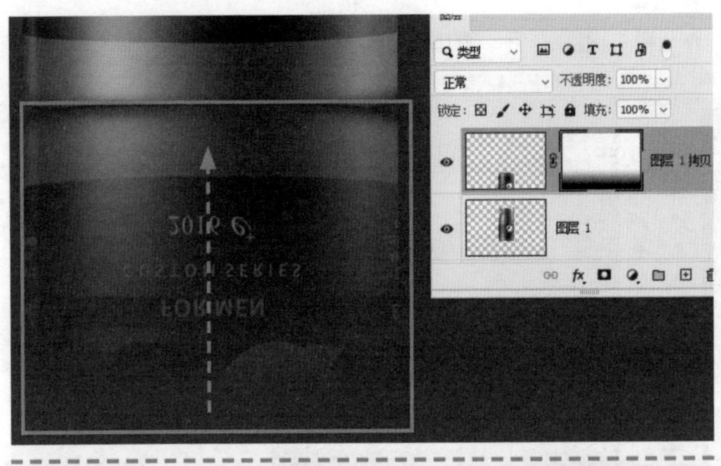

04 如何制作隔着玻璃窗的效果？

普通的照片如何做出隔着玻璃窗的效果？操作如下。

1 选择【文件】菜单中的【打开】命令，按住【Ctrl】键，选择2个文件，单击【打开】按钮，打开素材图片。

2 选择工具栏中的移动工具，将带有玻璃窗的图片拖动到女孩图片上。

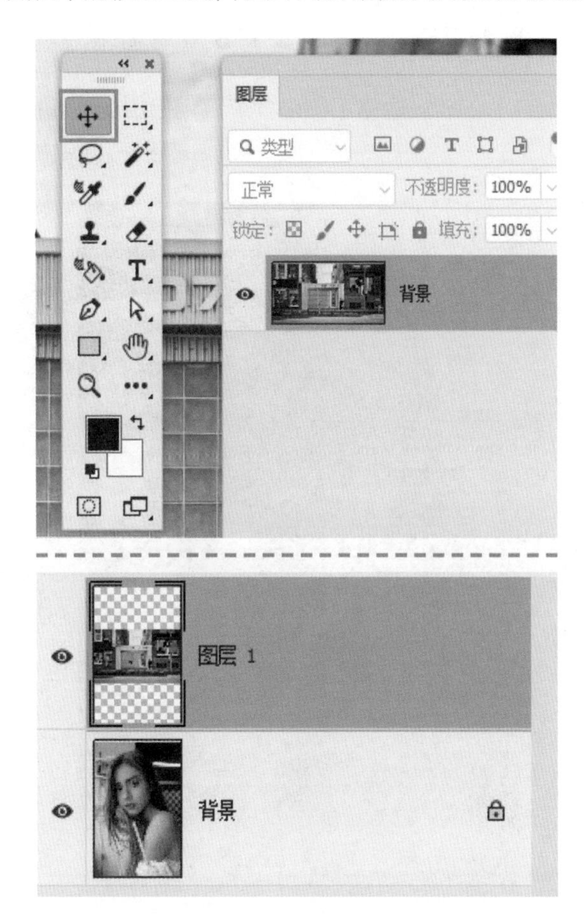

3 将图层混合模式设置为【滤色】，去除图像中的黑色。

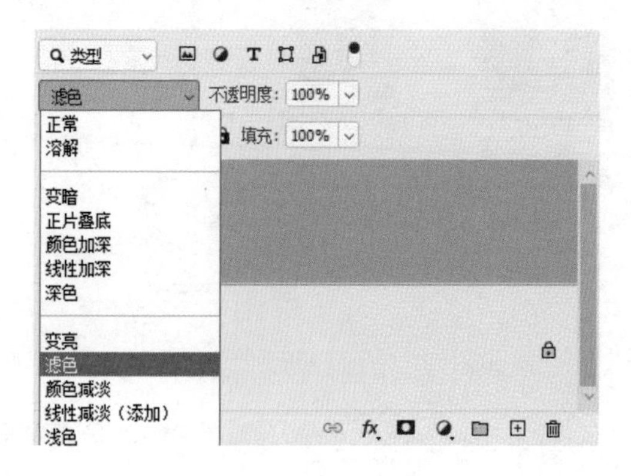

4 选择【图层 1】，按快捷键【Ctrl+T】应用自由变换，按【Enter】键确定。

5 选择【图像】菜单中的【调整】→【色阶】命令，在弹出的【色阶】对话框中设置参数，单击【确定】按钮。

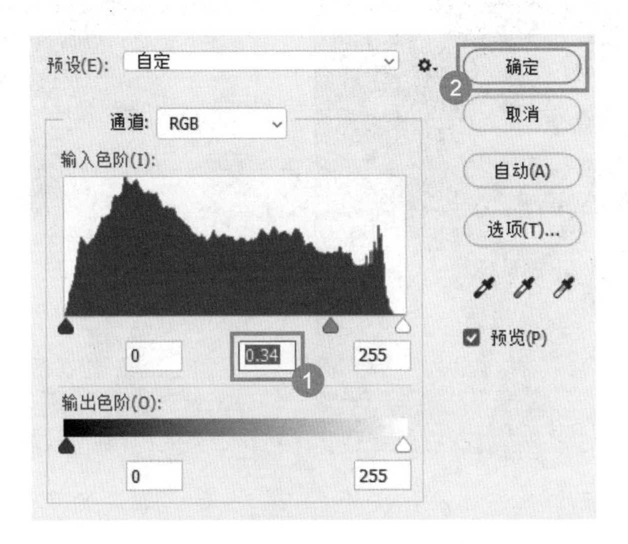

6 选择【滤镜】菜单中的【模糊】→【高斯模糊】命令，在弹出的【高斯模糊】对话框中设置参数，单击【确定】按钮，操作完成。

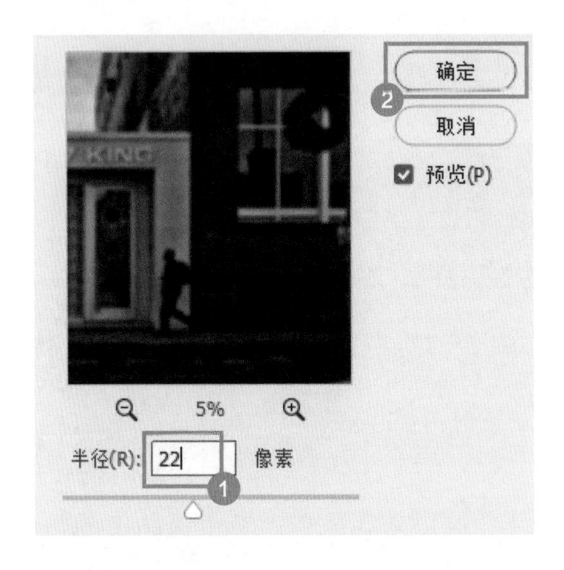

和秋叶一起学

秒懂 Photoshop

第 3 章

图像特效

在平面设计中，有时会使用一些特殊纹理效果或为图像添加一些特殊效果，很多特效使用 Photoshop 制作都比较简单，下面我们开始学习吧！

扫码回复关键词“秒懂创意特效”，观看配套视频课程

3.1 纹理特效

许多素材都是有版权的，不能拿来就用。我们是否可以利用 Photoshop 自己制作素材呢？本节主要介绍如何制作纹理效果，自己制作素材。

01 如何制作岩石纹理背景？

岩石质感也可以通过滤镜设计，常用于海报设计中，操作如下。

1 选择【文件】菜单中的【新建】命令，在弹出的界面中依次设置参数：宽度为 1920 像素，高度为 1080 像素，分辨率为 72 像素 / 英寸，背景为黑色，单击【创建】按钮。

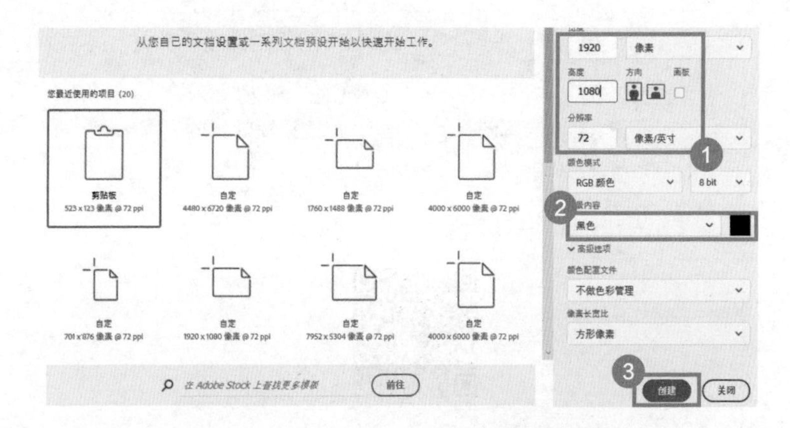

2 选择【滤镜】菜单中的【渲染】→【分层云彩】命令。

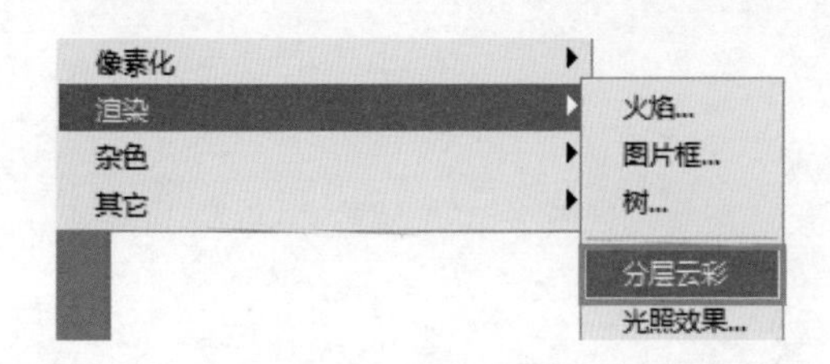

3 选择【滤镜】菜单中的【渲染】→【光照效果】命令，设置参数，单击【确定】按钮，操作完成。

光照效果
点光
颜色：　强度：25
聚光：
着色：　曝光度：42
光泽：-12
金属质感：-100
环境：-4
纹理：绿
高度：-46

02 如何制作拉丝纹理效果?

只需要一张普通的素材图片，就可以制作出神奇的拉丝纹理效果。操作如下。

1 选择【文件】菜单中的【打开】命令，选择文件，单击【打开】按钮，打开素材图片。

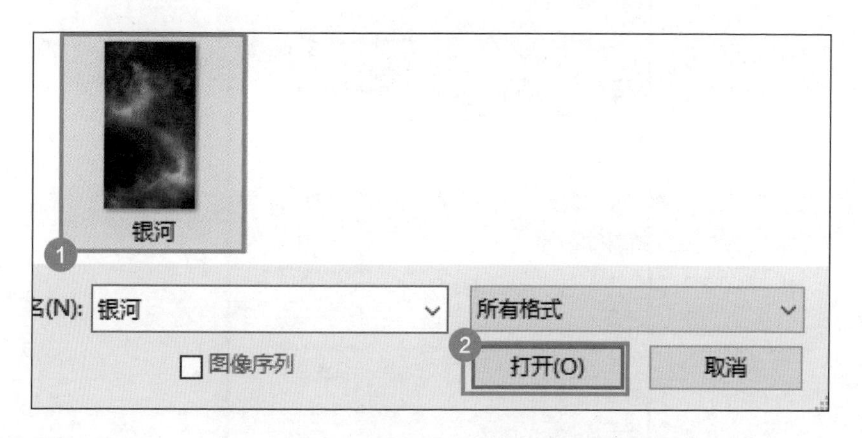

2 选择【滤镜】菜单中的【像素化】→【铜版雕刻】命令。

3 在弹出的【铜版雕刻】对话框中设置【类型】为【长直线】，单击【确定】按钮。

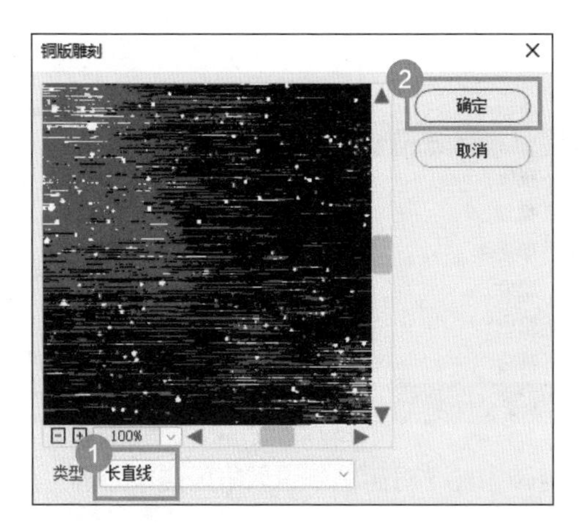

4 选择【滤镜】菜单中的【模糊】→【径向模糊】命令。

5 在弹出的【径向模糊】对话框中设置参数，单击【确定】按钮。

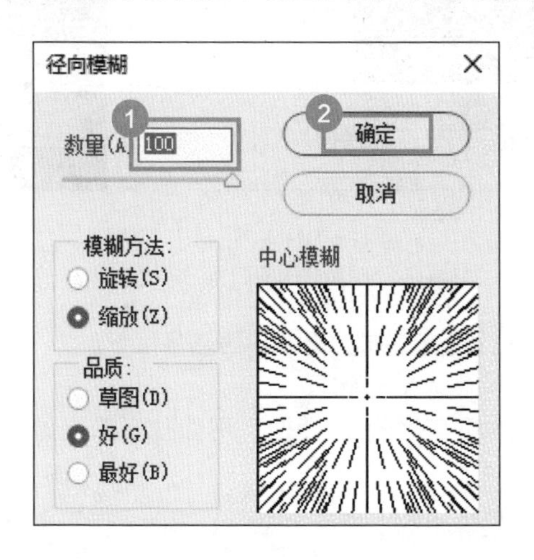

6 选择【滤镜】菜单中的【扭曲】→【旋转扭曲】命令。

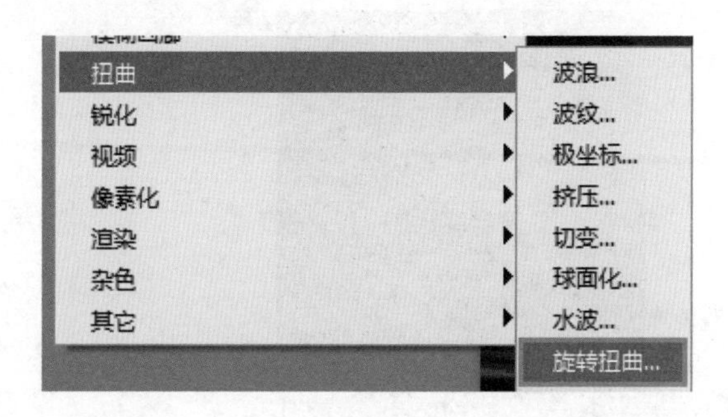

7 在弹出的【旋转扭曲】对话框中设置【角度】为50度，单击【确定】按钮，操作完成。

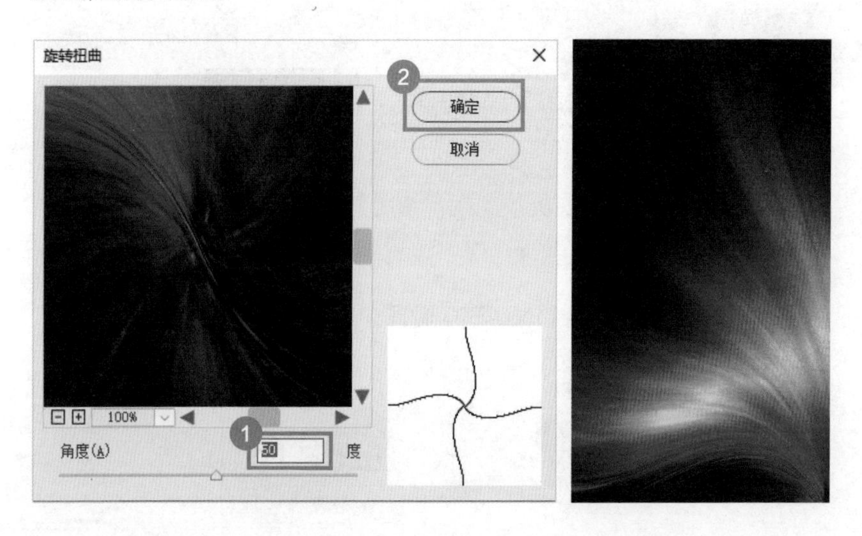

03 如何设计酷炫的立体海报背景?

拿到素材图片不知道如何处理? 不如试试凸出滤镜，制作逼真的立体效果。操作如下。

1 选择【文件】菜单中的【打开】命令，选择文件，单击【打开】按钮，打开素材图片。

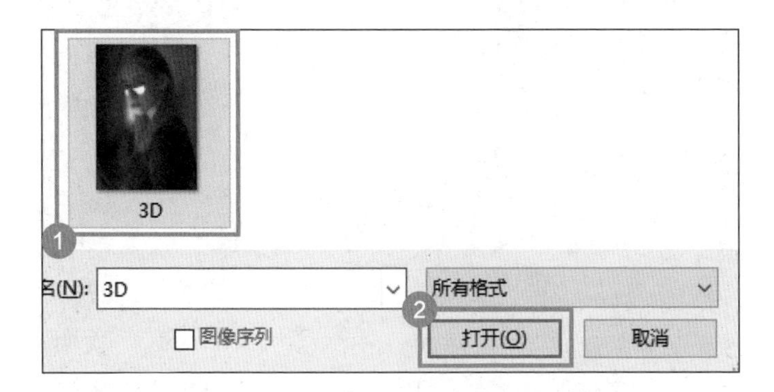

2 选择【滤镜】菜单中的【风格化】→【凸出】命令。

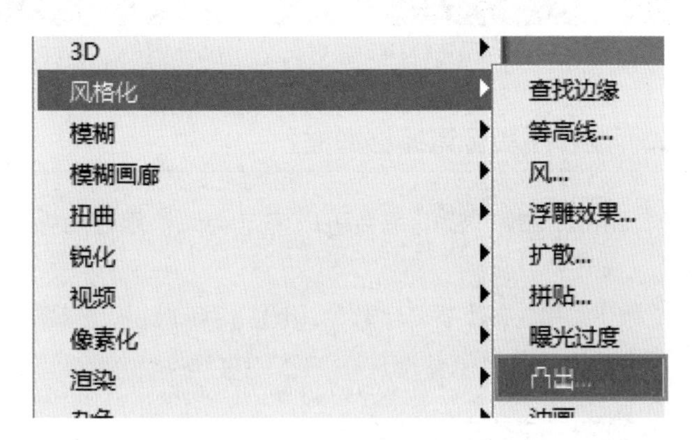

3 在弹出的【凸出】对话框中，将【大小】设置为 10 像素，【深度】设置为 200，单击【确定】按钮，操作完成。

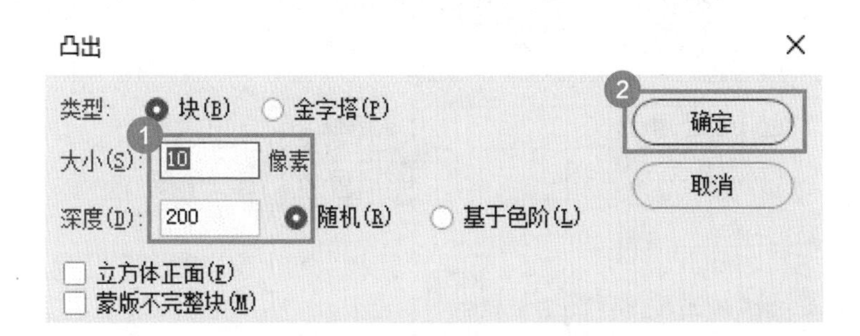

04 如何制作乐高像素风格海报?

乐高玩具充满童趣，我们是否可以将这种风格用在海报中呢？操作如下。

1 选择【文件】菜单中的【打开】命令，按住【Ctrl】键，选择2个文件，单击【打开】按钮，打开素材图片。

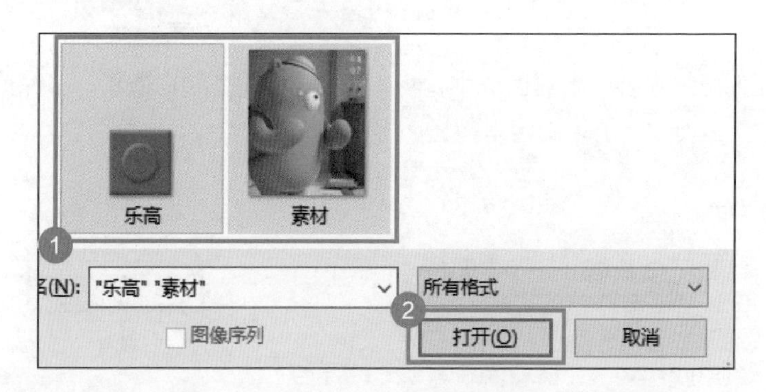

2 选择“乐高”文件，选择【编辑】菜单中的【定义图案】命令，在弹出的对话框中单击【确定】按钮。

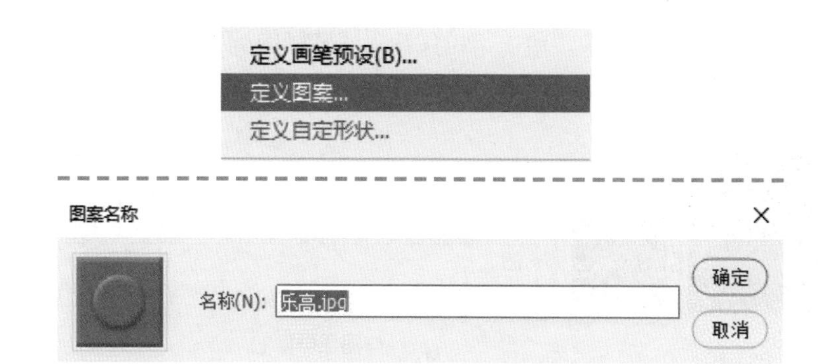

3 选择“海报”文件，在【图层】面板中单击【创建新的填充】按钮，在弹出的菜单中单击【图案】。

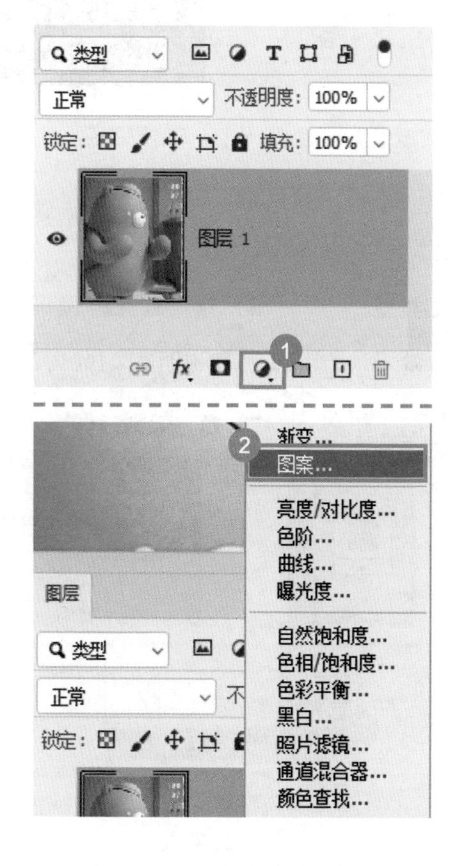

4 在弹出的对话框中，单击下拉按钮展开图案列表，选择定义好的图案，单击【确定】按钮。

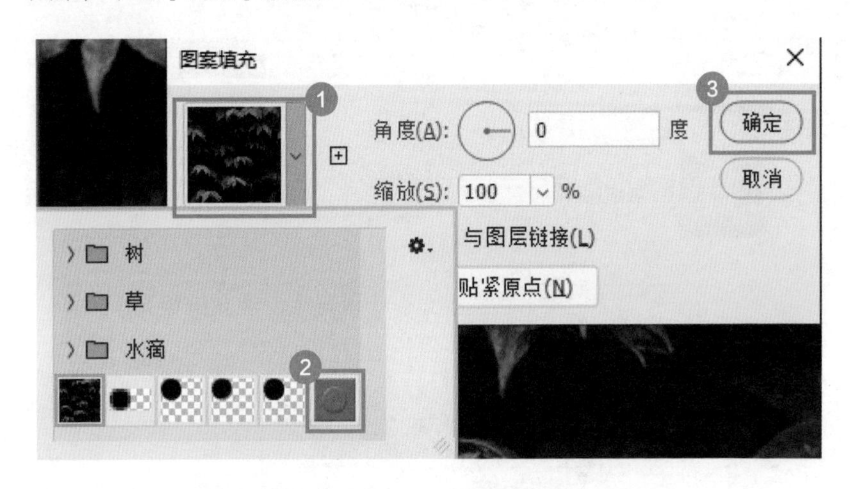

5 将图层混合模式设置为【线性光】，操作完成。

05 如何提取动漫线稿？

当我们喜欢某个动漫角色的时候，大概只能通过临摹的方式将人物线条勾勒出来。Photoshop 的出现将提取线稿变得简单无比，操作如下。

1 打开素材图片，右键单击【背景】图层，在弹出的菜单中选择【复制图层】。

2 选择【图像】菜单中的【调整】→【黑白】命令。

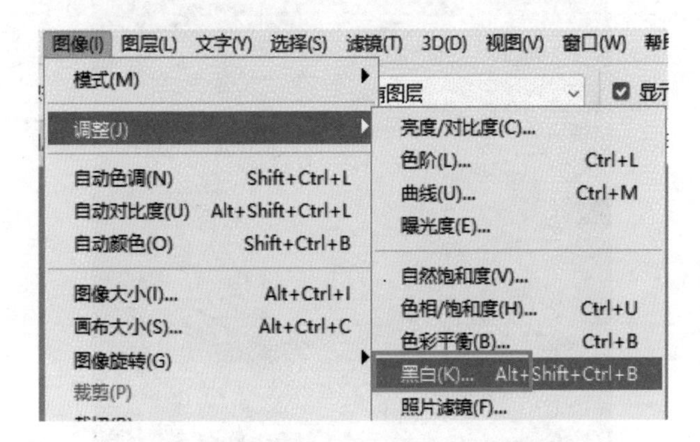

3 在弹出的【黑白】对话框中设置参数，单击【确定】按钮。

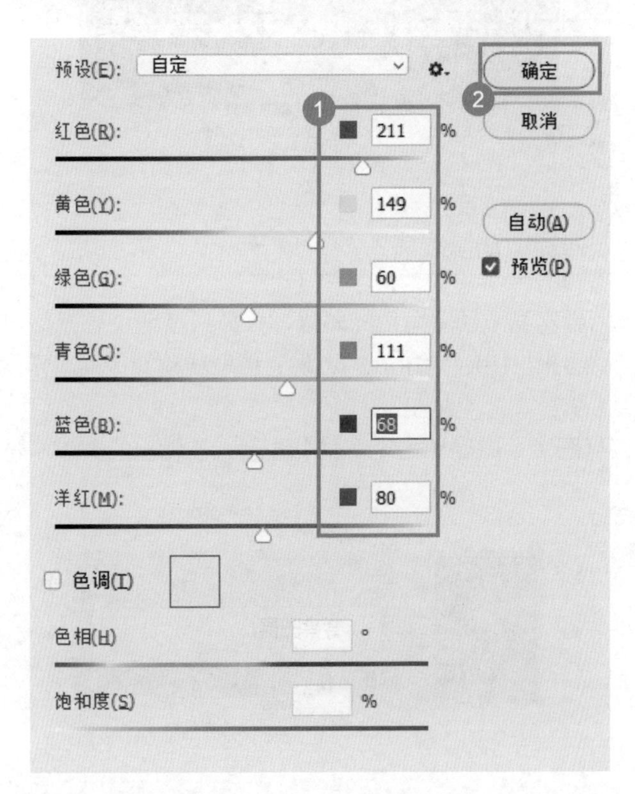

4 复制【图层 1】图层，选择【图层 1 拷贝】图层，按快捷键【Ctrl+I】将复制的图层颜色反相。

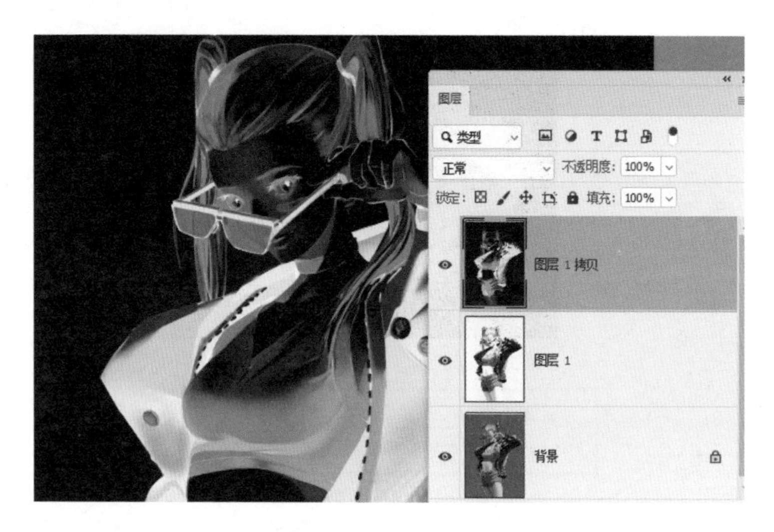

5 将图层混合模式设置为【颜色减淡】。

6 选择【滤镜】菜单中的【其他】→【最小值】命令，在弹出的对话框中设置参数，单击【确定】按钮。操作完成。

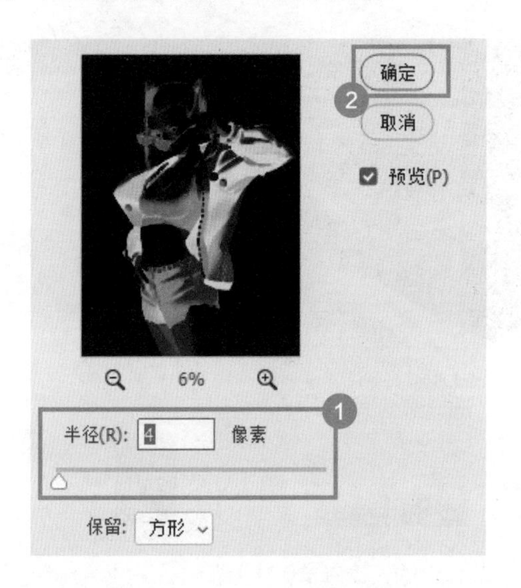

06 如何将普通图片变成晶格背景图?

一张普通的照片，如何变成出彩的背景图呢?

1 选择【文件】菜单中的【打开】命令，选择文件，单击【打开】按钮，打开素材图片。

2 选择【滤镜】菜单中的【像素化】→【晶格化】命令。

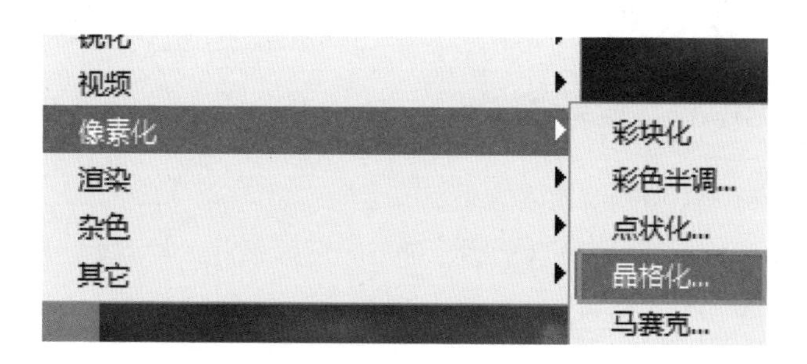

3 在弹出的对话框中设置参数，单击【确定】按钮，操作完成。

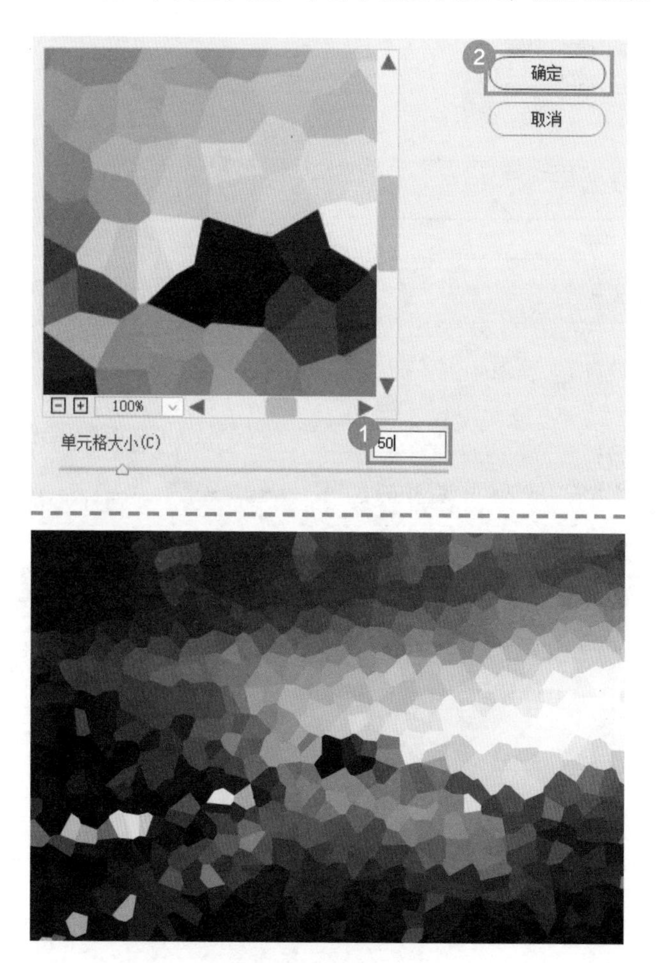

07 如何制作流星雨效果?

想要制作美丽的流星雨效果，怎么制作呢?

1 选择【文件】菜单中的【打开】命令，选择文件，单击【打开】按钮，打开素材图片。

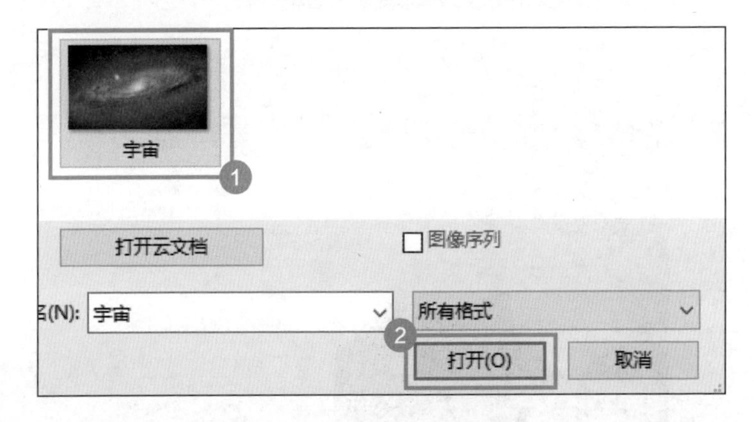

2 选择【滤镜】菜单中的【风格化】→【风】命令。

3 在弹出的【风】对话框中设置参数，单击【确定】按钮。

4 选择【滤镜】菜单中的【风】命令 2 次，为图片再添加 2 次风效果，操作完成。

滤镜(T) 3D(D) 视图(V) 窗口(W) 帮助(H)
风 Alt+Ctrl+F
转换为智能滤镜(S)

08 如何制作波尔卡圆点效果?

波尔卡风格是将画面做成圆点的一种艺术风格，原理是用大小不一样的圆点代替画面中的黑白灰。一起来学习吧！

1 选择【文件】菜单中的【打开】命令，选择文件，单击【打开】按钮，打开素材图片。

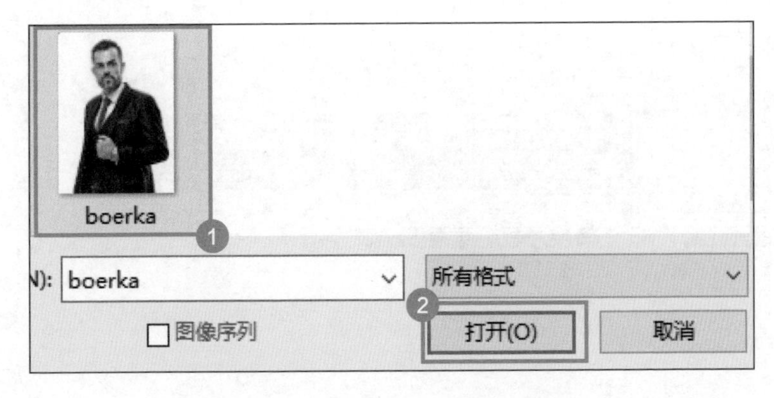

2 选择【滤镜】菜单中的【像素化】→【彩色半调】命令。

3 在弹出的【彩色半调】对话框中设置参数，单击【确定】按钮，操作完成。

最大半径(R): 10 (像素)
网角(度):
通道 1(1): 108
通道 2(2): 162
通道 3(3): 90
通道 4(4): 45
确定
取消

3.2 特殊效果

本节主要介绍用 Photoshop 实现一些特殊效果，如下雪、下雨和烟雾等。主要运用的是 Photoshop 中的各种滤镜，还有你的想象力。

01 如何制作冬季下雪效果?

Photoshop 就是这么神奇，图片中没有雪也可以“P”上去，还很逼真，操作也非常简单，下面我们来学一下怎样做吧。

1 选择【文件】菜单中的【打开】命令，选择文件，单击【打开】按钮，打开素材图片。

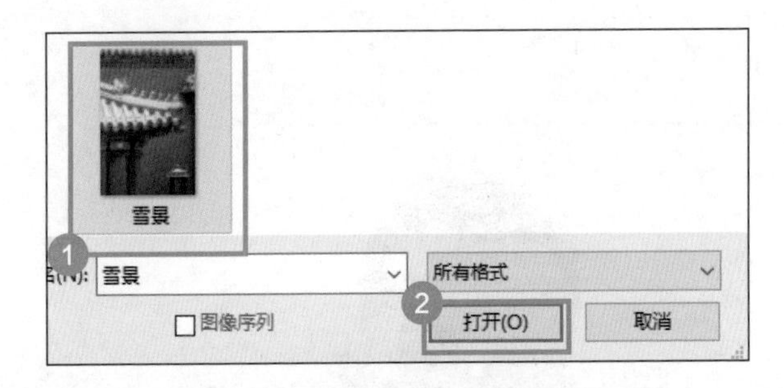

2 在【图层】面板中单击【创建新图层】按钮。

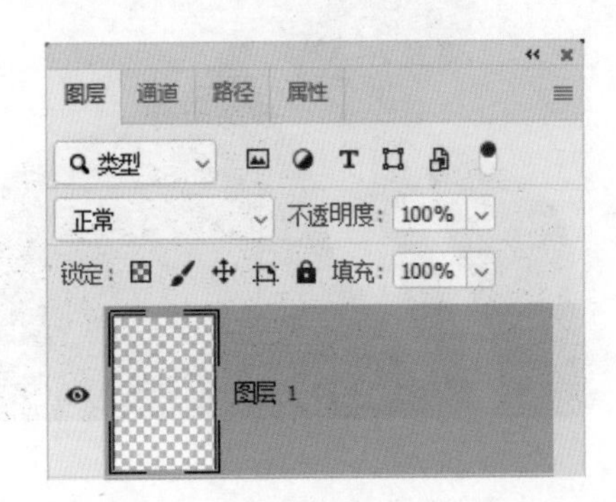

3 将前景色设置为白色，背景色设置为黑色，单击【确定】按钮。

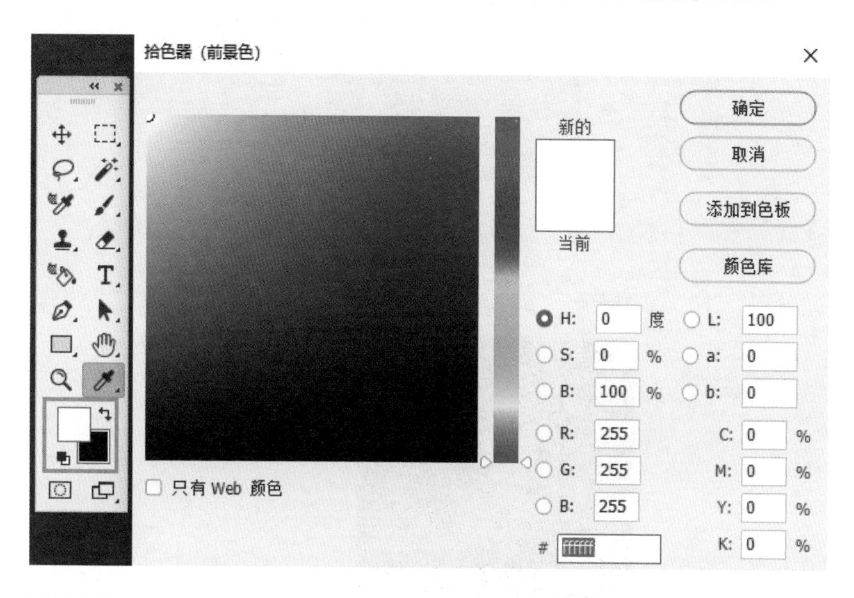

4 按【Ctrl+Delete】快捷键，为图层填充黑色。

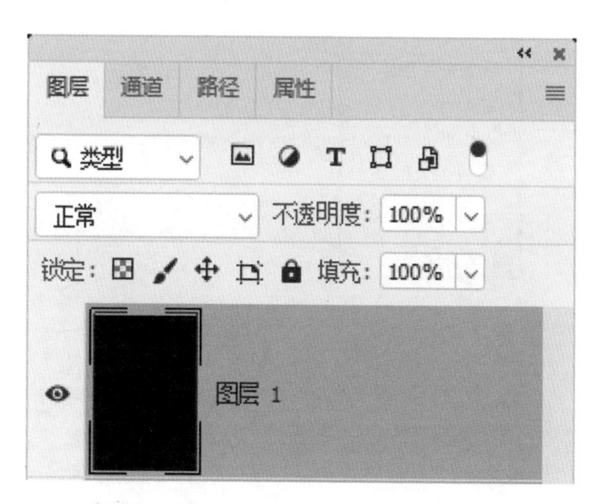

5 选择【滤镜】菜单中的【杂色】→【添加杂色】命令。

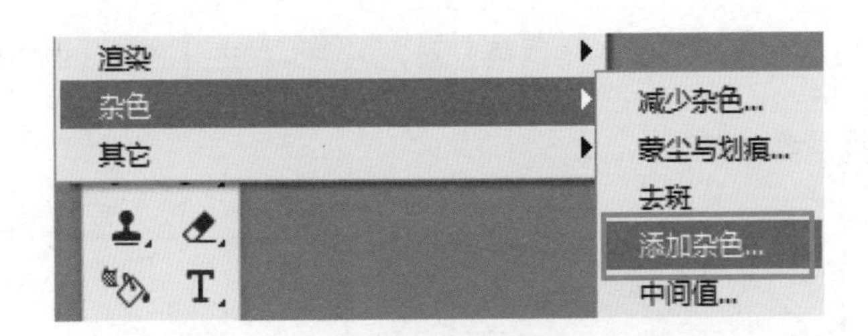

6 在弹出的【添加杂色】对话框中设置参数，单击【确定】按钮。

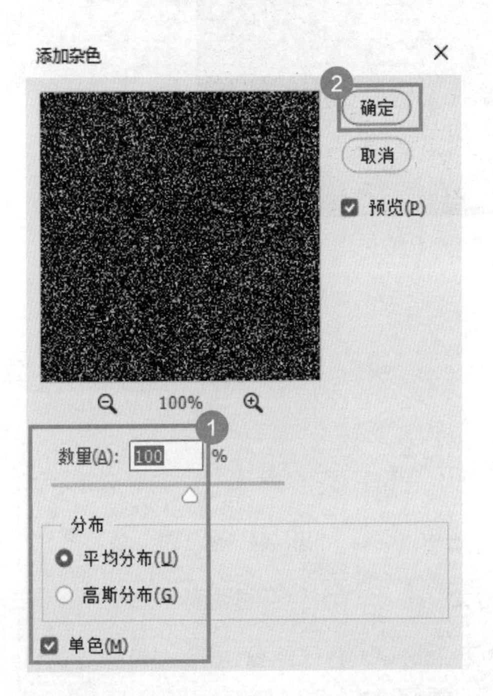

7 选择【滤镜】菜单中的【模糊】→【高斯模糊】命令。

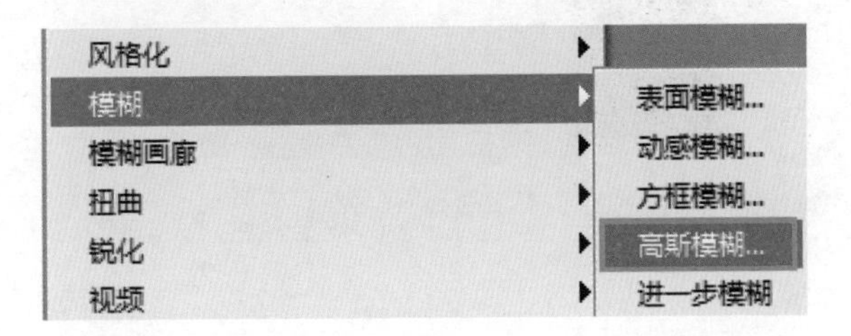

8 在弹出的【高斯模糊】对话框中设置参数，单击【确定】按钮。

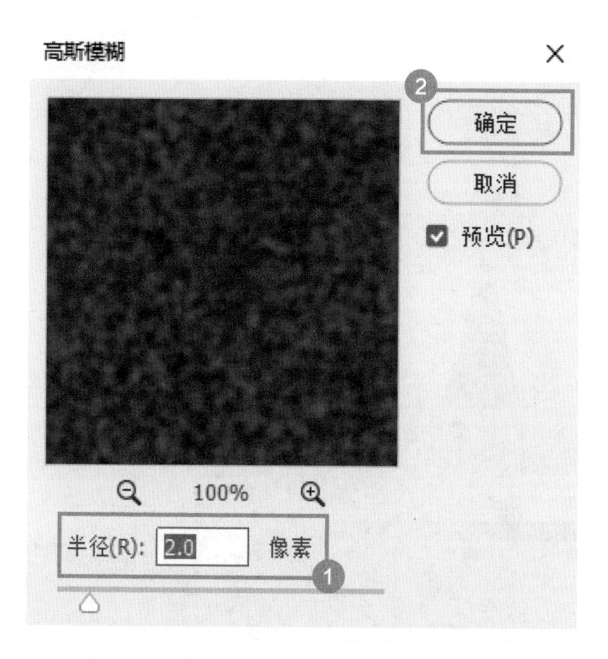

9 将图层混合模式设置为【滤色】，去除图像中的黑色。

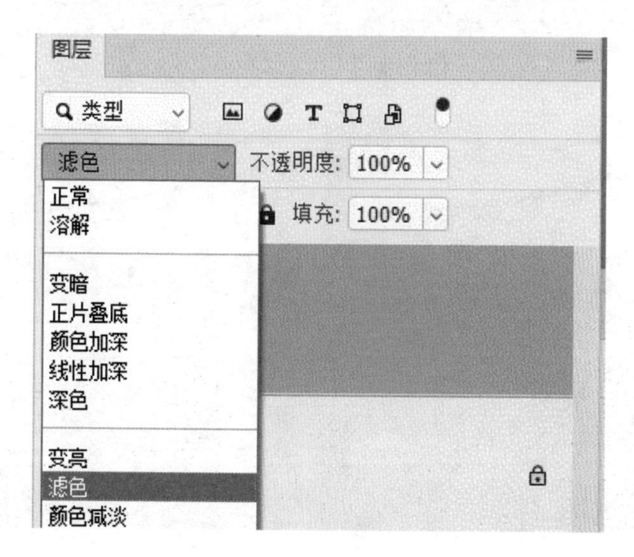

10 选择【图像】菜单中的【调整】→【色阶】命令，在弹出的【色阶】对话框中设置参数，单击【确定】按钮，操作完成。

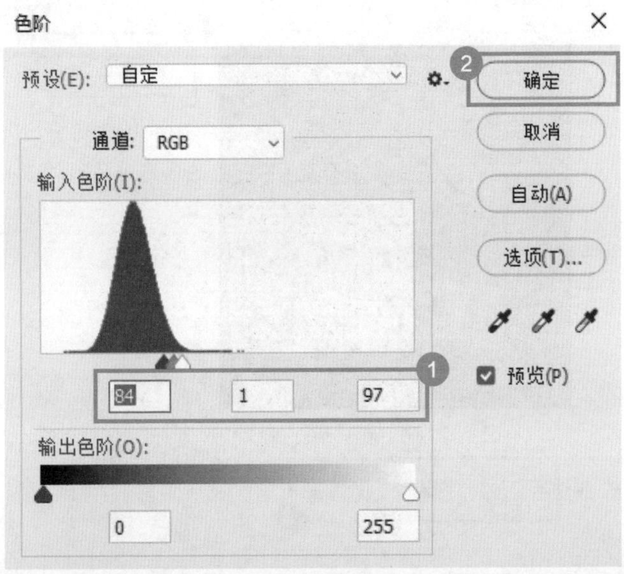

02 如何给图片添加下雨效果？

在 Photoshop 中可以给图片做多种特殊效果，有时为了配合场景，需要给图片添加下雨的效果。操作如下。

1 选择【文件】菜单中的【打开】命令，选择文件，单击【打开】按钮，打开素材图片。

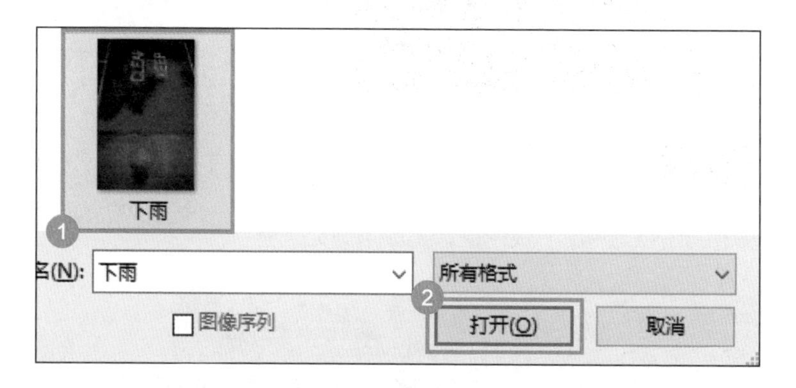

2 在【图层】面板中单击【创建新图层】按钮。

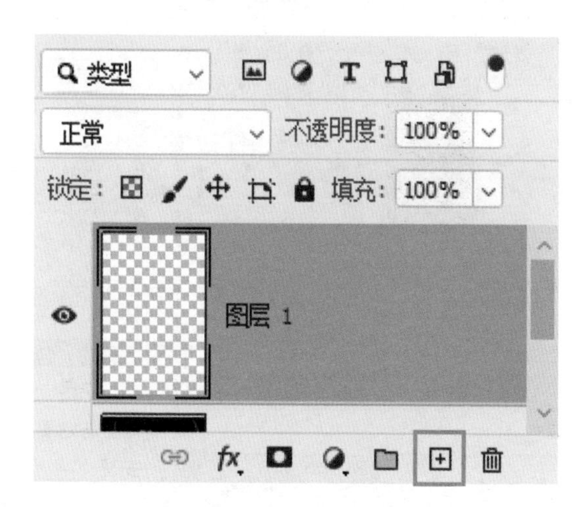

3 将前景色设置为白色，背景色设置为黑色，单击【确定】按钮。

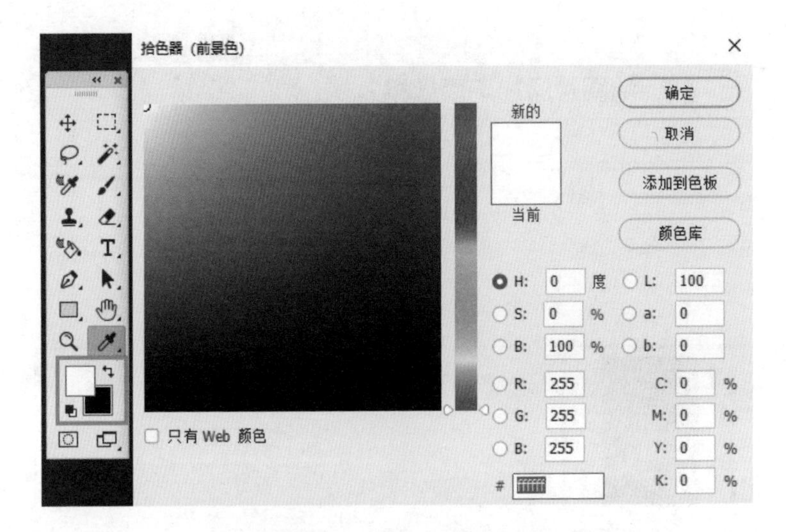

4 按【Ctrl +Delete】快捷键，为图层填充黑色。

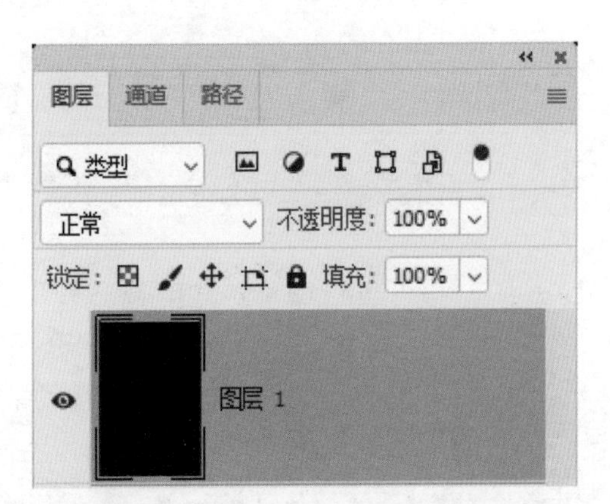

5 选择【滤镜】菜单中的【杂色】→【添加杂色】命令。

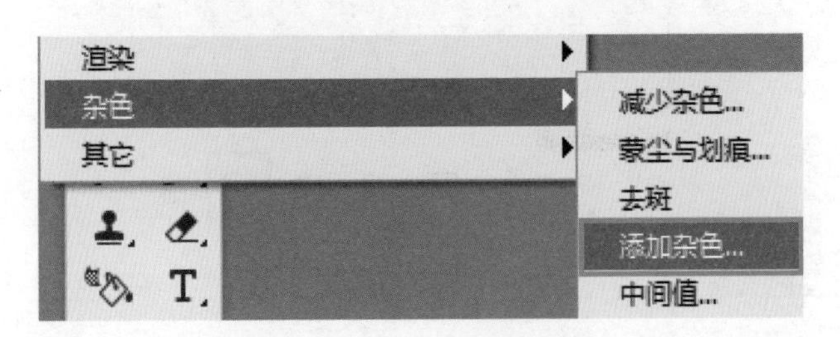

6 在弹出的【添加杂色】对话框中设置参数，单击【确定】按钮。

7 选择【滤镜】菜单中的【模糊】→【动感模糊】命令，在弹出的【动感模糊】对话框中设置参数，单击【确定】按钮。

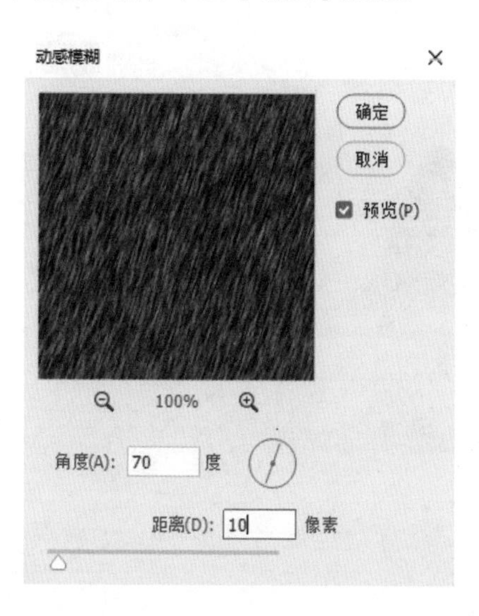

8 将图层混合模式设置为【滤色】，去除图像中的黑色。

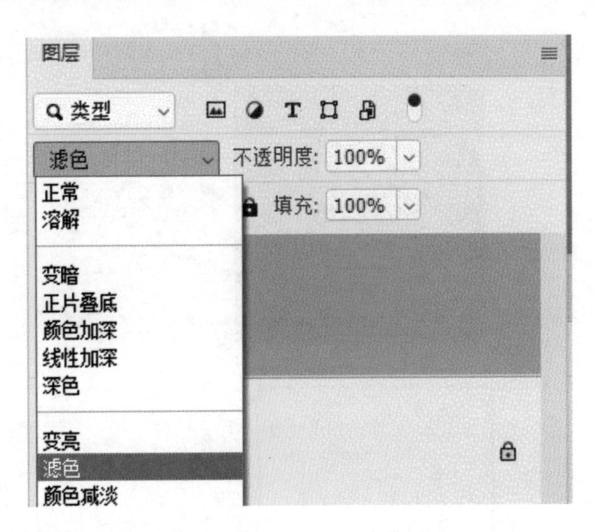

9 选择【图像】菜单中的【调整】→【色阶】命令，在弹出的【色阶】对话框中设置参数，单击【确定】按钮，操作完成。

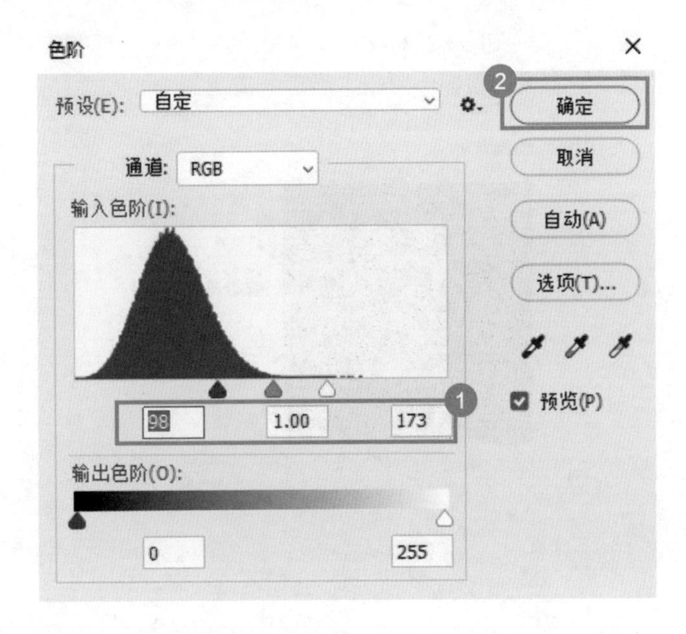

03 如何制作汽车动感效果?

一张静态的汽车照片，可以通过调整车轮，使其看起来像行驶中的效果，Photoshop 通过模糊工具即可实现。

1 选择【文件】菜单中的【打开】命令，选择文件，单击【打开】按钮，打开素材图片。

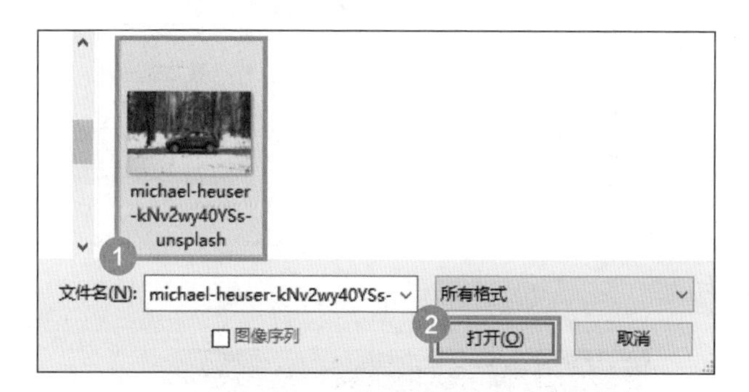

2 选择【滤镜】菜单中的【模糊画廊】→【旋转模糊】命令。

3 弹出【旋转模糊】对话框，在画布中，将模糊控件放在汽车前轮位置，缩放模糊控件，按【Enter】键确定。

4 选择【滤镜】菜单中的【模糊画廊】→【旋转模糊】命令。

5 弹出【旋转模糊】对话框，在画布中，将模糊控件放在汽车后轮位置，缩放模糊控件，按【Enter】键确定，操作完毕。

04 如何给城市添加浓雾效果?

云雾缭绕的效果能让风光照片带来如梦如幻的感觉，但是要拍出这个效果往往需要很好的时机和好的技术。现在不需要这么辛苦，借助 Photoshop，简单几步就能模拟出平时难得一见的烟雾缭绕效果了。

1 选择【文件】菜单中的【打开】命令，选择文件，单击【打开】按钮，打开素材图片。

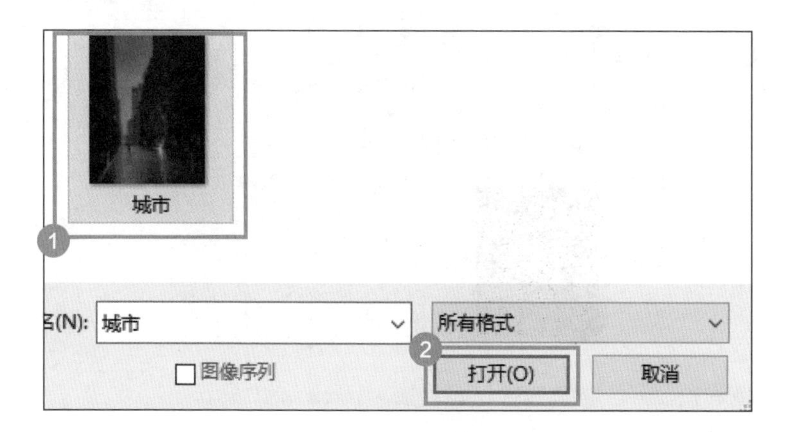

2 在【图层】面板中单击【创建新图层】按钮。将前景色设置为白色，背景色设置为黑色，单击【确定】按钮。

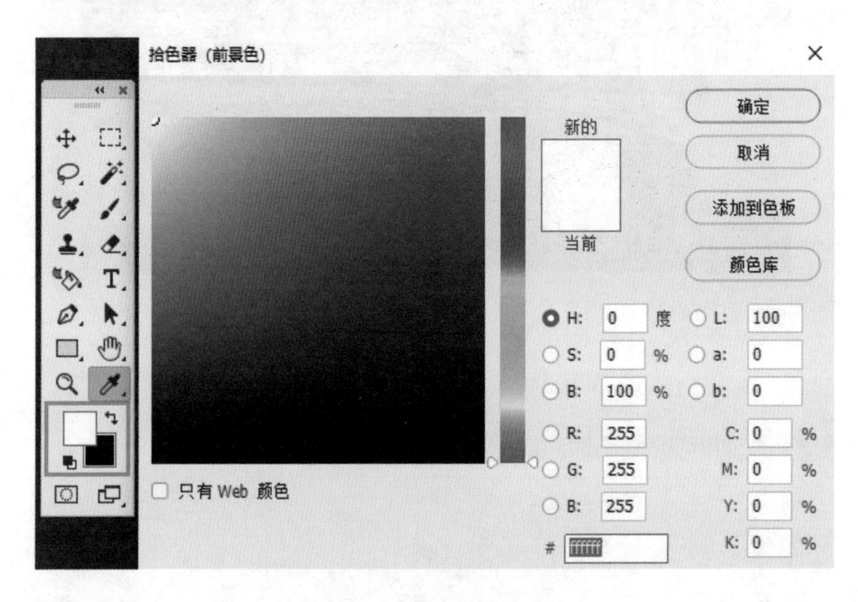

3 按【Ctrl+Delete】快捷键，为图层填充黑色。

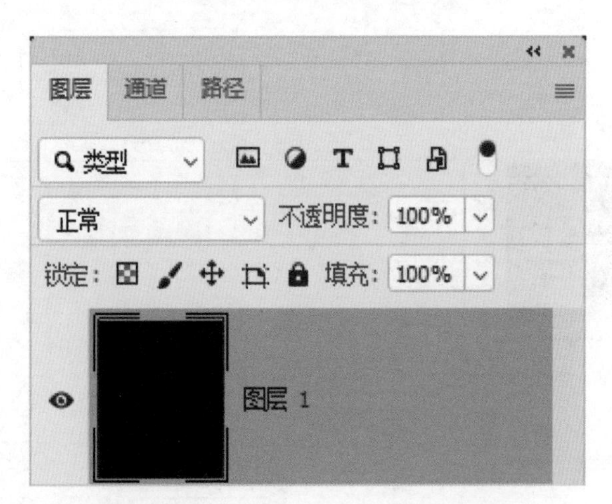

4 选择【滤镜】菜单中的【渲染】→【云彩】命令。

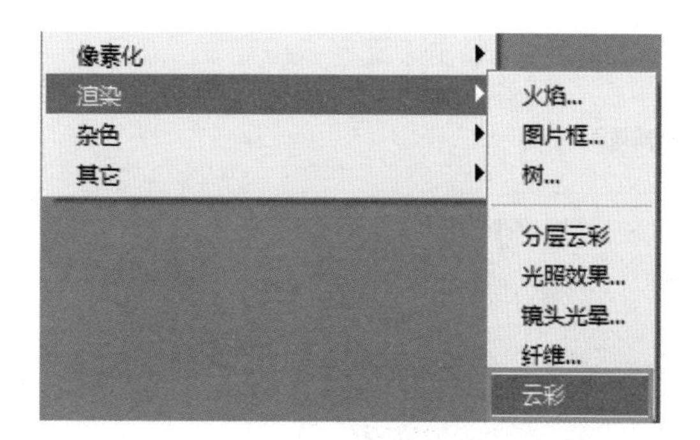

5 将图层混合模式设置为【滤色】，去除图像中的黑色。

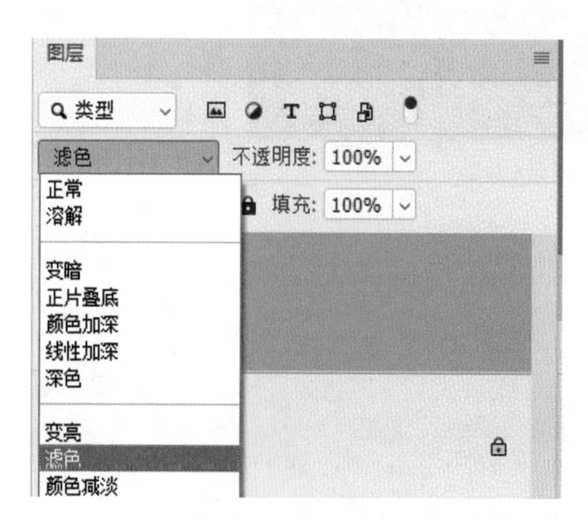

6 单击【添加图层蒙版】按钮，可以看到添加了图层蒙版。

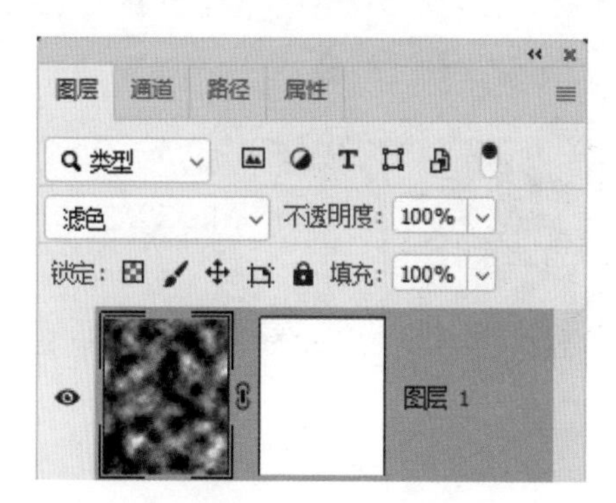

7 将前景色设置为黑色，单击【确定】按钮。

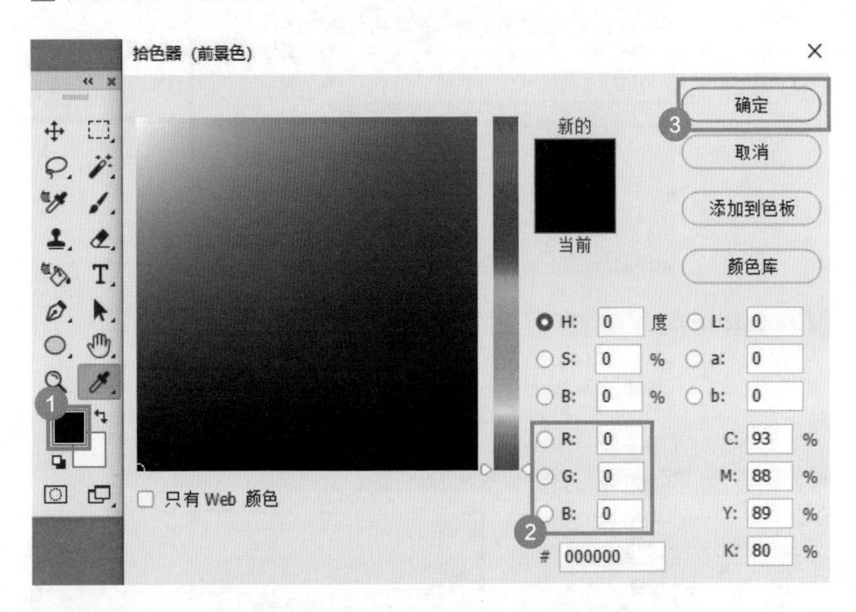

8 使用画笔工具在画布中涂抹，让雾的效果更自然，操作完毕。

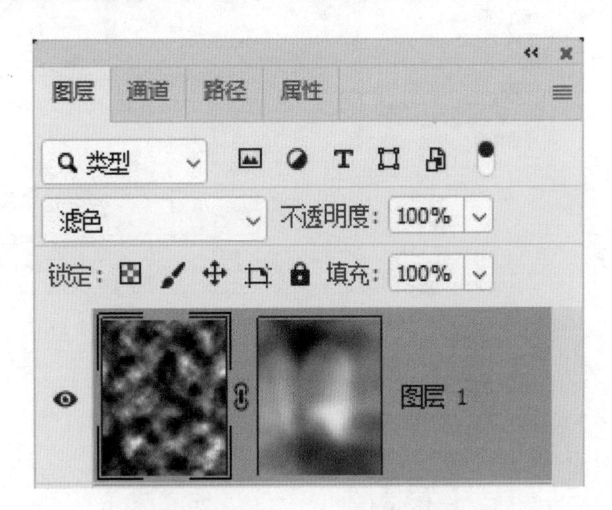

05 如何制作科幻风格的背景?

使用 Photoshop 制作天马行空的科幻风格背景，只需要简单几个步骤就能实现，操作如下。

1 选择【文件】菜单中的【打开】命令，按【Ctrl】键，选择素材，单击【打开】按钮，打开素材图片。

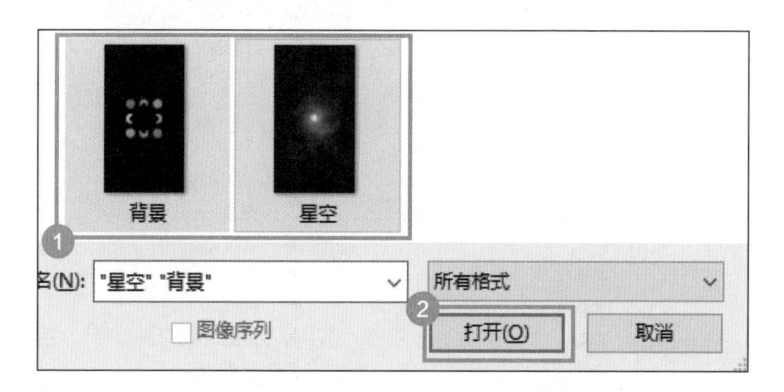

2 选择“背景”文件，选择【滤镜】菜单中的【模糊】→【径向模糊】命令。

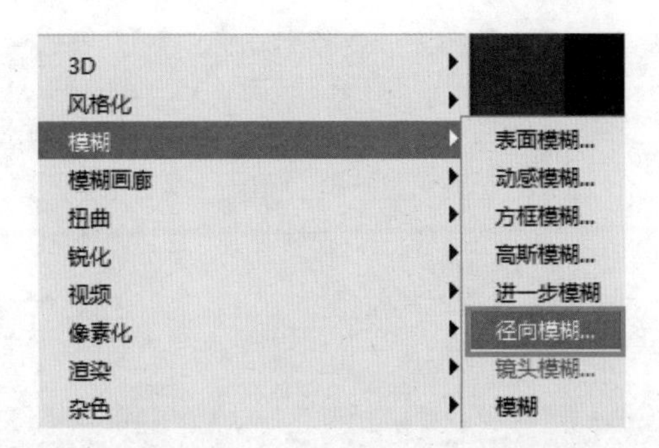

3 在弹出的【径向模糊】对话框中设置参数，单击【确定】按钮。

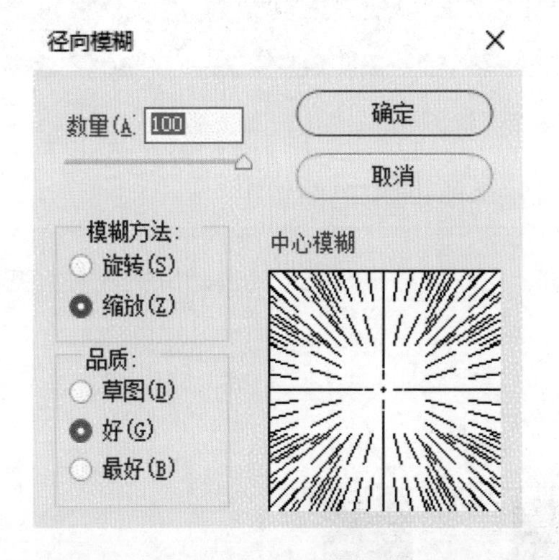

4 选择【滤镜】菜单中的【扭曲】→【旋转扭曲】命令。

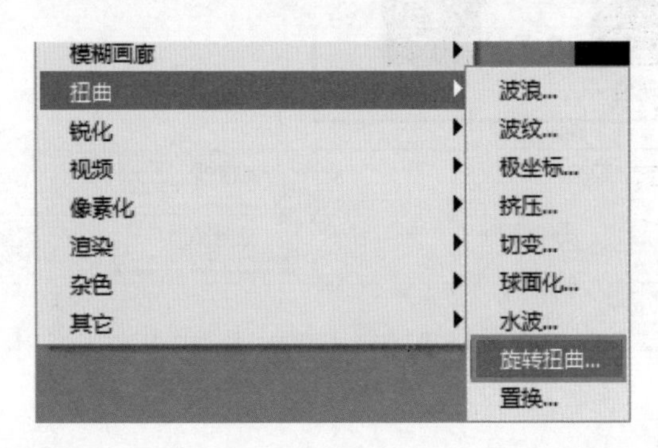

5 在弹出的【旋转扭曲】对话框中设置参数，单击【确定】按钮。

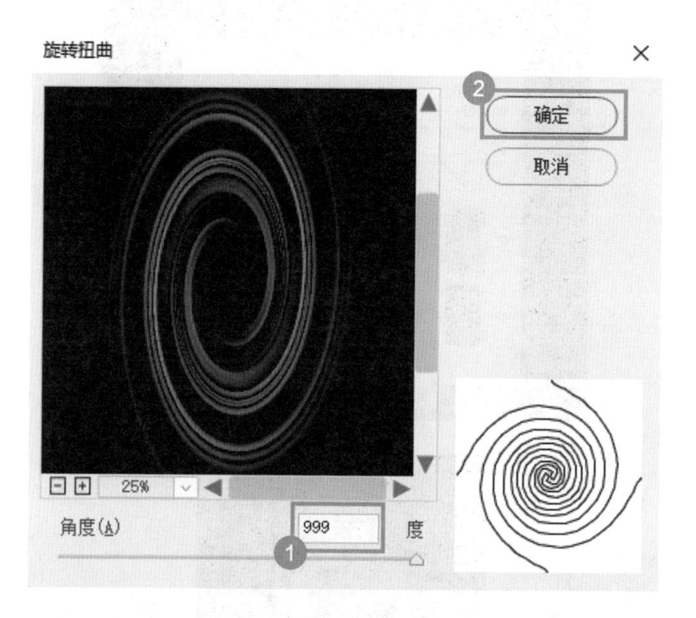

6 选择工具栏中的移动工具，拖动“星空”文件到“背景”文件中。

7 将图层混合模式设置为【滤色】，去除图像中的黑色，操作完成。

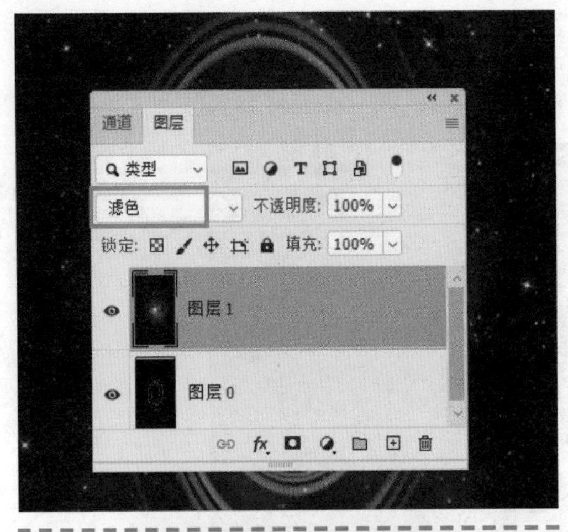

06 如何制作故障风效果?

一些新鲜的设计会更吸引人，比如最近很流行的故障风效果。下面介绍如何制作故障风效果的图片，操作如下。

1 打开素材图片，右键单击【背景】图层，在弹出的菜单中选择【复制图层】。

2 右键单击【背景 拷贝】图层，在弹出的菜单中选择【复制图层】，这样就复制了两个图层。

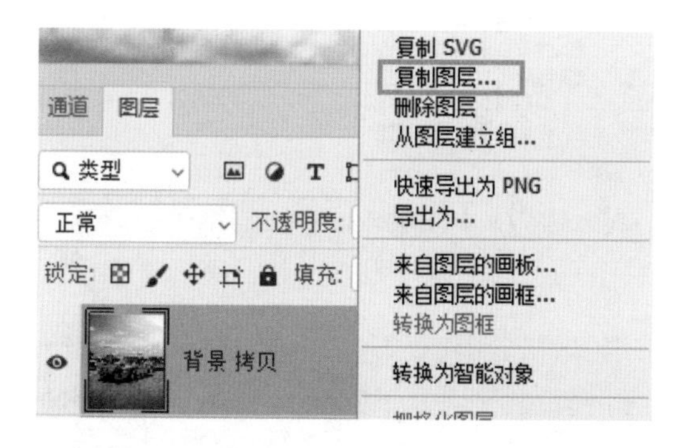

3 右键单击【背景 拷贝】图层，在弹出的菜单中选择【混合选项】。

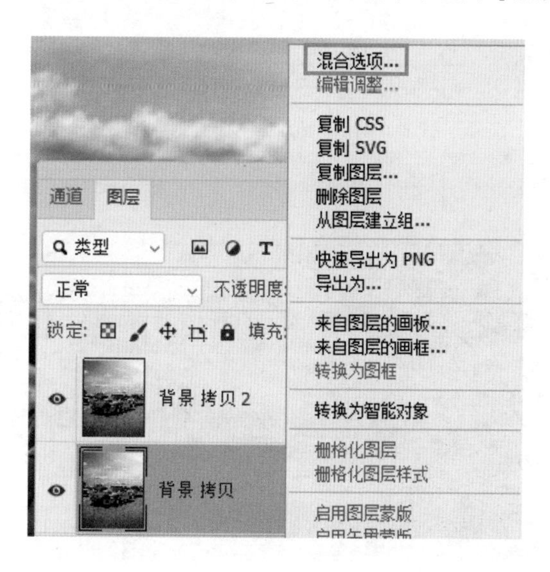

4 在弹出的【混合选项】对话框中设置参数，单击【确定】按钮。

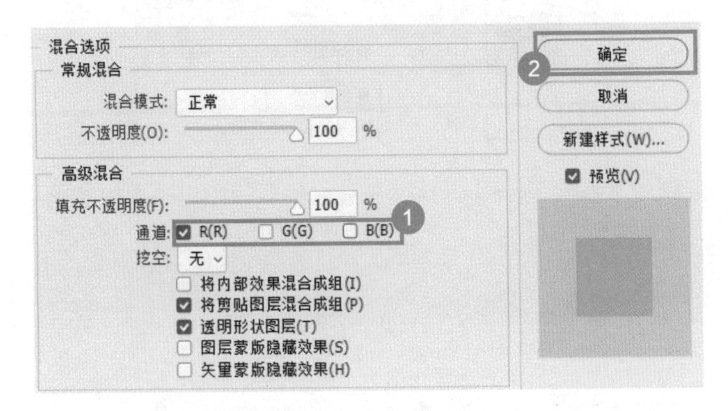

5 右键单击【背景 拷贝 2】图层，在弹出的菜单中选择【混合选项】，在弹出的【混合选项】对话框中设置参数，单击【确定】按钮。

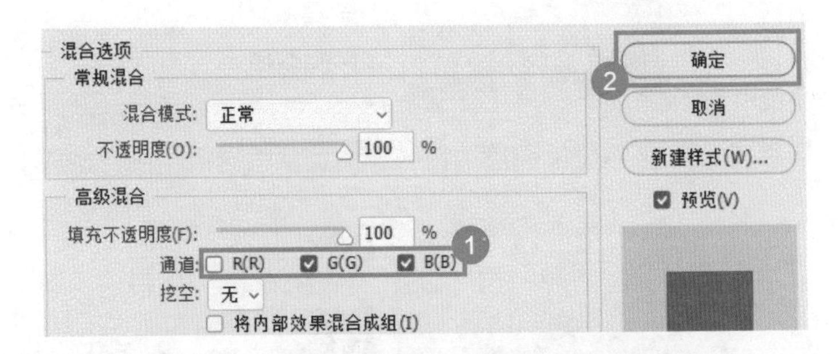

6 选择【背景 拷贝】图层，使用移动工具将图像向左移动。

7 选择【背景 拷贝 2】图层，使用移动工具将图像向右移动，操作完成。

07 如何制作网格效果的头像？

想要制作一个网格效果的头像，该怎么做呢？下面我们就来看看在 Photoshop 中如何制作吧，操作如下。

1 选择【文件】菜单中的【打开】命令，选择文件，单击【打开】按钮，打开素材图片。

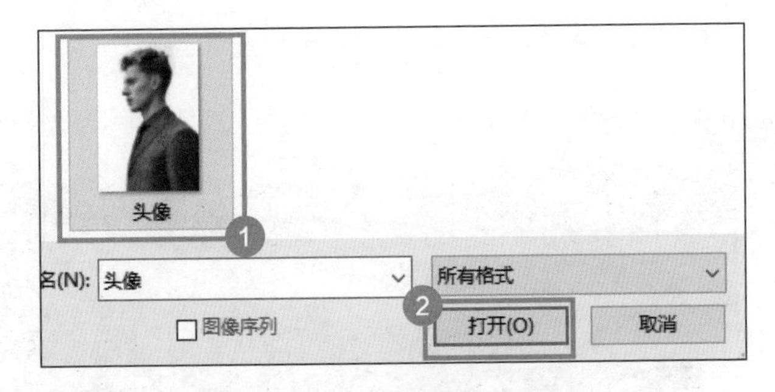

2 在【图层】面板中单击【创建新图层】按钮。

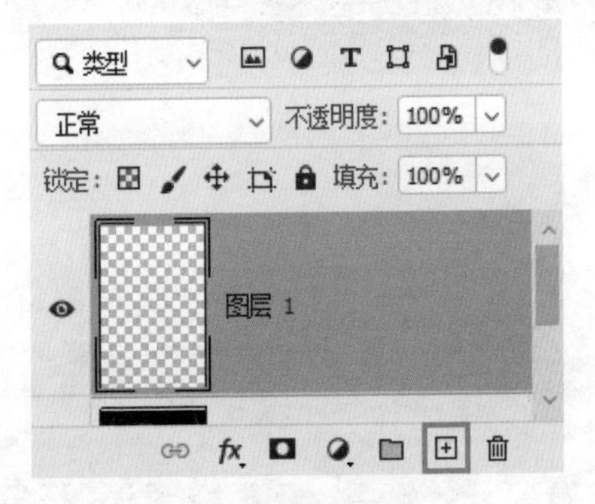

3 将前景色设置为白色，背景色设置为黑色，单击【确定】按钮。

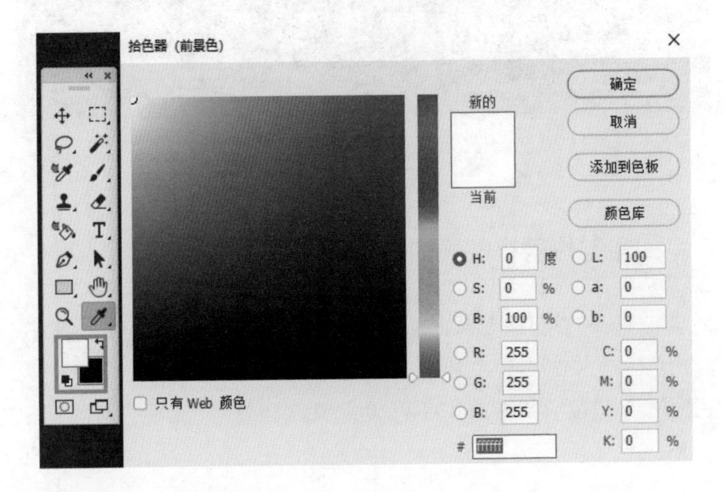

4 按【Alt+Delete】快捷键，为图层填充白色背景。

提示

注意区分：按【Alt+Delete】快捷键用前景色填充，按【Ctrl+Delete】快捷键用背景色填充。

5 选择【滤镜】菜单中的【滤镜库】命令。

6 在弹出的【滤镜库】对话框中，选择【素描】分组中的【半调图案】，设置参数，单击【确定】按钮。

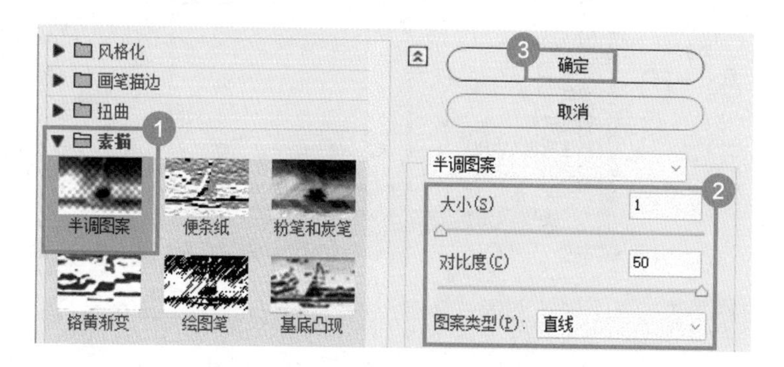

7 选择【滤镜】菜单中的【扭曲】→【波浪】命令，在弹出的【波浪】对话框中设置参数，单击【确定】按钮。

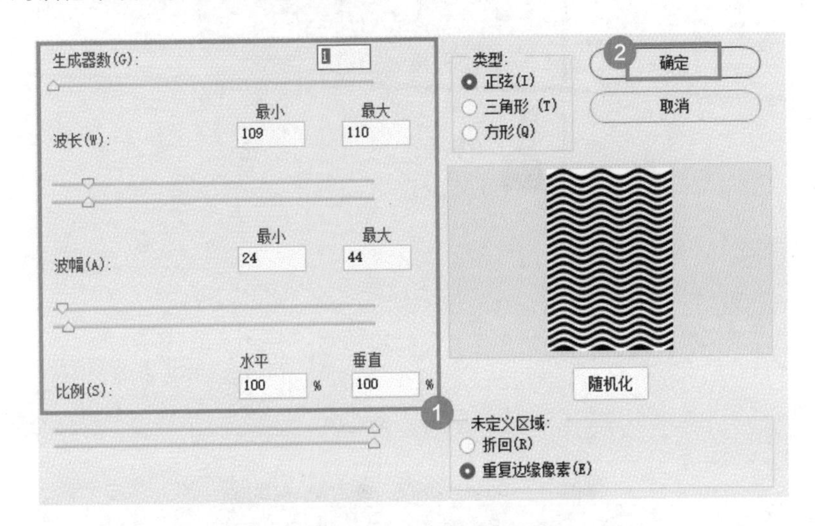

8 选择【图层】面板，将图层混合模式设置为【叠加】。

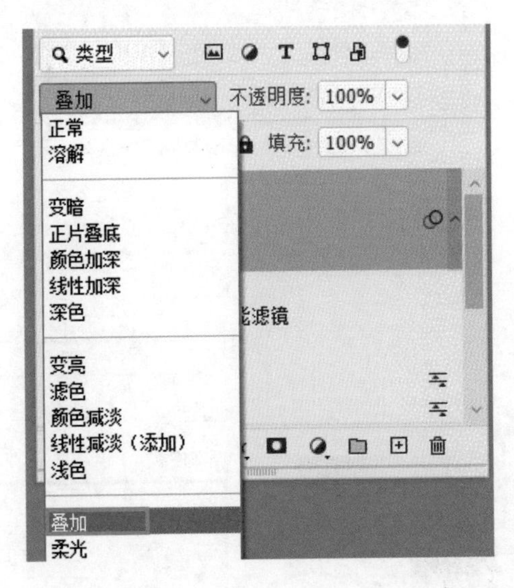

9 右键单击【图层 1】图层，在弹出的菜单中选择【复制图层】。

10 选择【编辑】菜单中的【变换】→【顺时针旋转 90 度】命令，操作完成。

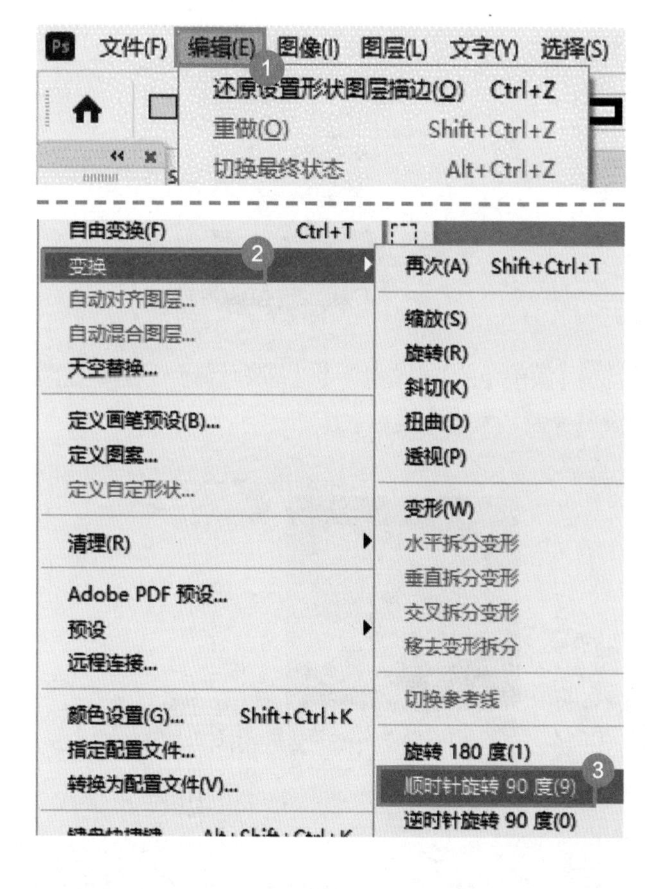

08 如何用风景照做景观球?

透明的景观球非常漂亮，用 Photoshop 制作，方法也很简单，操作如下。

1 打开素材图片，复制【背景】图层。

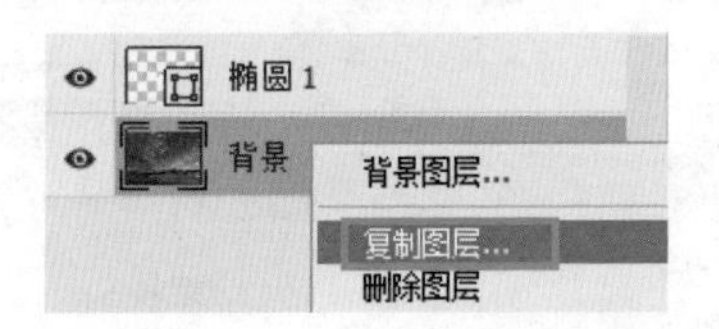

2 选择【滤镜】菜单中的【扭曲】→【球面化】命令，在弹出的【球面化】对话框中设置参数，单击【确定】按钮。

3 选择椭圆工具，按住【Shift】键，在画布中绘制一个圆形。

4 右键单击【背景 拷贝】图层，在弹出的菜单中选择【创建剪贴蒙版】。

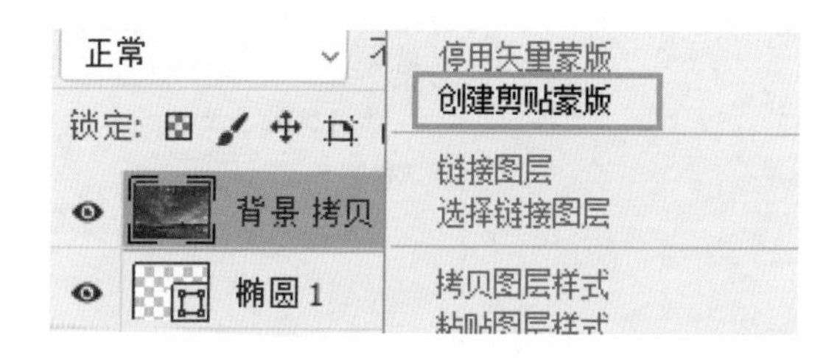

5 按【Ctrl+T】快捷键应用自由变换，拖曳控制点，将图片缩小，按【Enter】键确定。

6 选择【椭圆 1】图层，单击 fx 按钮，在弹出的菜单中选择【内发光】命令。

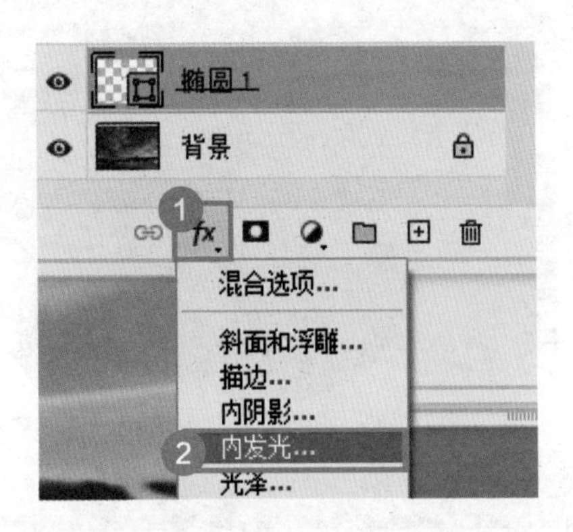

7 在弹出的对话框中设置参数如下图所示。

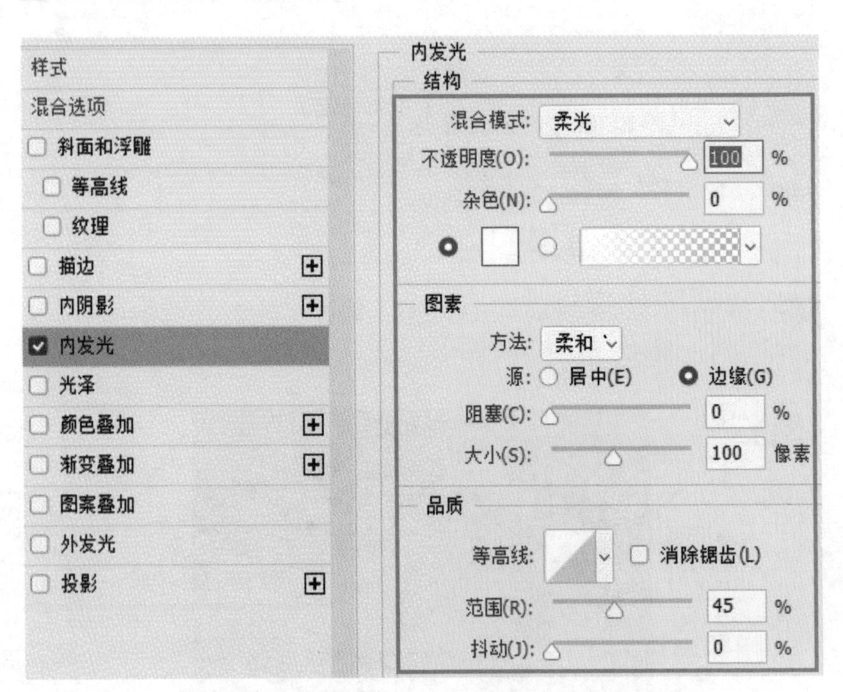

8 在左侧单击【内阴影】，设置参数，单击【确定】按钮，操作完成。

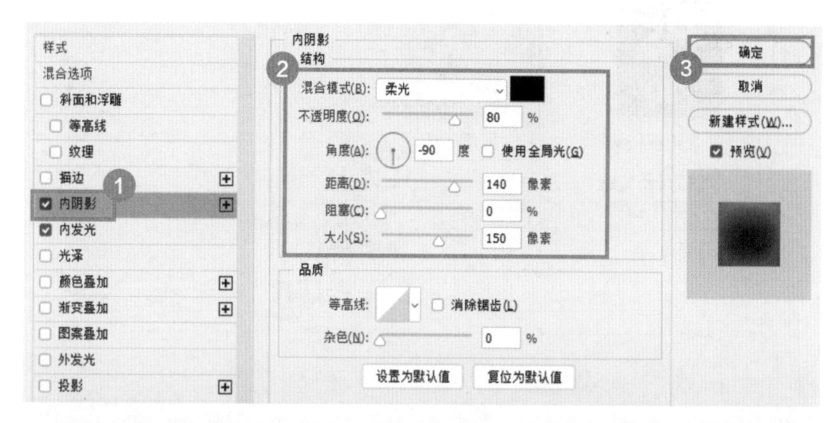

09 如何制作漫画风格的人像效果?

在工作中有时我们需要使用一些漫画风格的图片做插画。有美术功底的人自己画就可以了，没学过绘画或者画不好的人怎么办呢?

1 选择【文件】菜单中的【打开】命令，选择文件，单击【打开】按钮，打开素材图片。

2 选择【滤镜】菜单中的【滤镜库】→【木刻】命令。

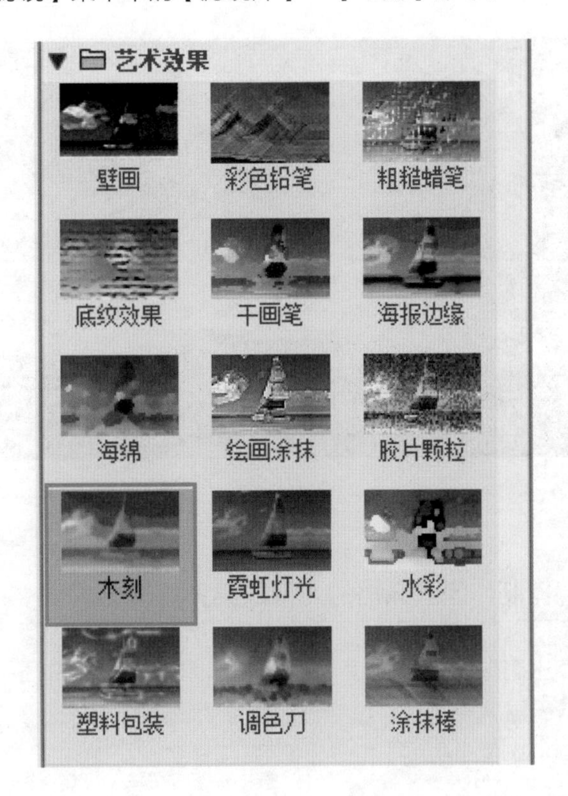

3 在弹出的对话框中设置参数，单击【确定】按钮，操作完成。

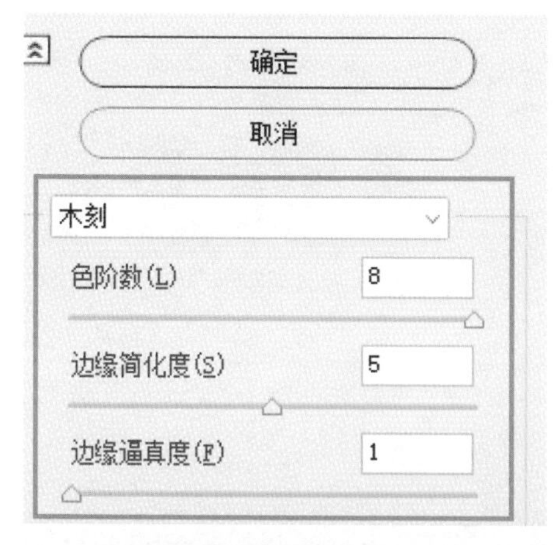

和秋叶一起学

秒懂 Photoshop

第 4 章 合成特效

很多在设计工作中需要表现的特效场景，比如山洪暴发、外星太空等，都需要用到 Photoshop 的合成技术。合成一般指将已有的素材进行处理加工，使其能完美达到需要的效果。

扫码回复关键词“秒懂创意特效”，观看配套视频课

01 如何设计双重曝光效果？

双重曝光是摄影中的常用方法，用此方法拍出的照片给人神秘、亦幻亦真的感觉。在 Photoshop 中制作双重曝光效果就是利用两张或多张图片合成一张图片，制作方法也非常简单，操作如下。

1 选择【文件】菜单中的【打开】命令，按住【Ctrl】键，选择 2 个文件，单击【打开】按钮，打开素材图片。

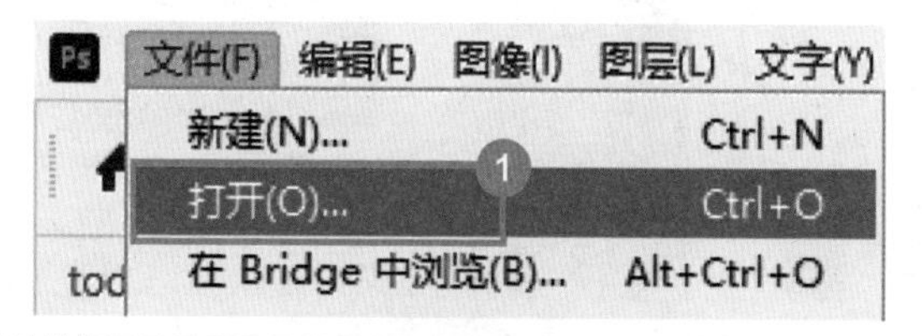

2 选择工具栏中的移动工具，拖动风景图片到女孩图片中。

图层
类型
正常
不透明度: 100%
锁定:
填充: 100%
图层 0
类型
正常
不透明度: 100%
锁定:
填充: 100%
图层 1
背景

3 将图层混合模式设置为【滤色】，去除图像中的黑色。

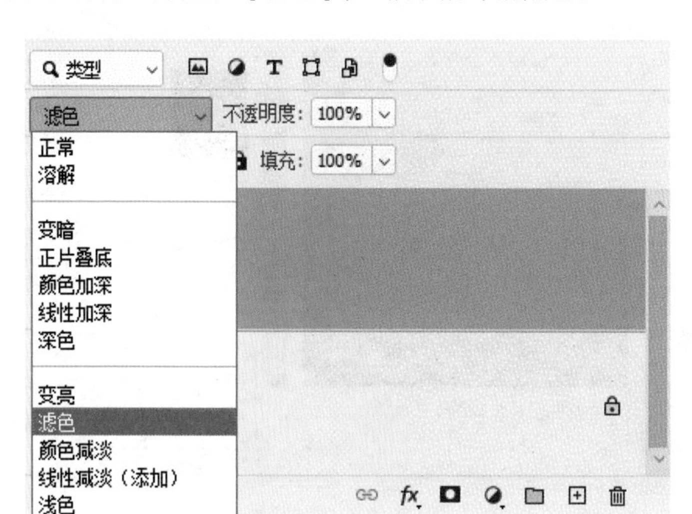

4 在【图层】面板中单击【添加图层蒙版】按钮，可以看到添加了图层蒙版。

5 在工具栏中单击前景色按钮，在弹出的对话框中将前景色设置为黑色，单击【确定】按钮。

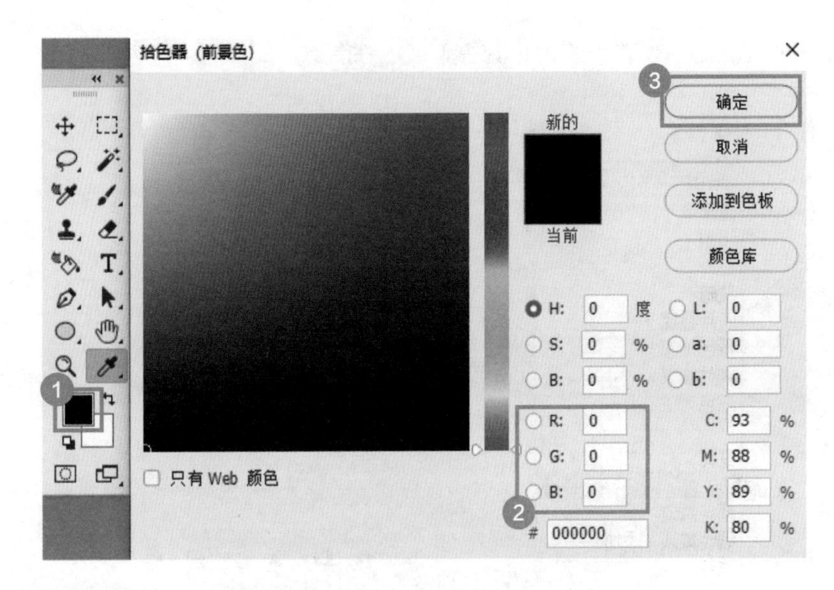

6 使用画笔工具涂抹人物周围多余的部分，操作完成。

02 如何做出水果被切开的效果？

在促销海报中，有时需要展示水果被切开的切面，重新拍摄比较浪费时间，通过 Photoshop 只需要简单几步即可做出这种效果，操作如下。

1 选择【文件】菜单中的【打开】命令，按住【Ctrl】键，选择 2 个文件，单击【打开】按钮，打开素材图片。

2 选择工具栏中的移动工具，拖动果肉图片到橙子图片中。

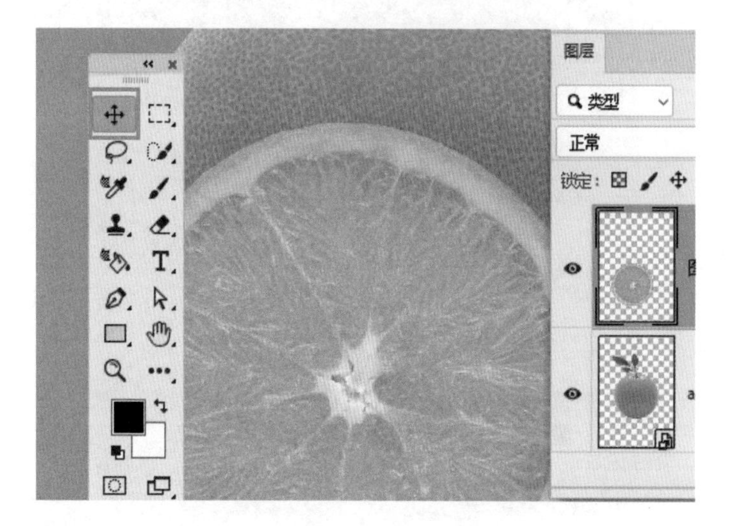

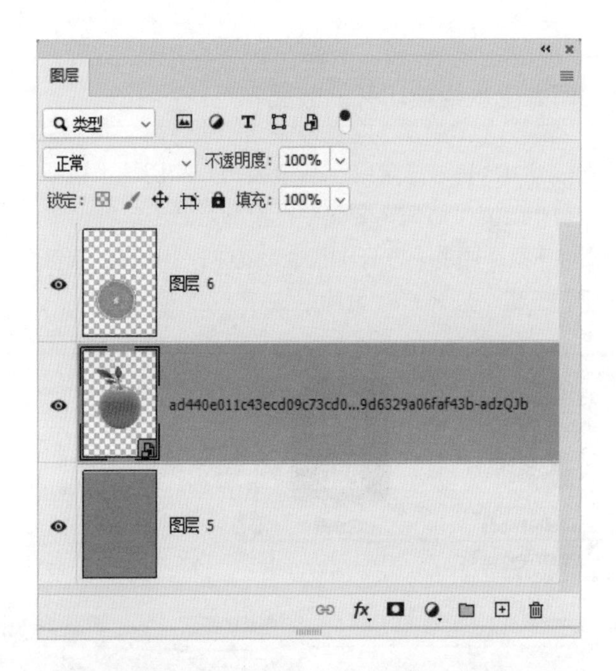

3 选择工具栏中的套索工具，绘制一个椭圆形的选区。

4 按快捷键【Ctrl+Shift+J】，原位复制粘贴图层。

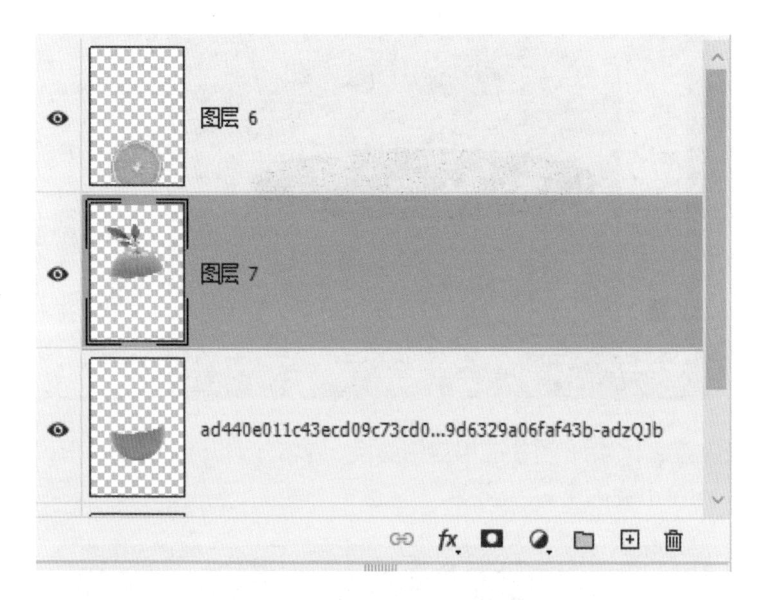

5 选择移动工具，将橙子的“脑袋”向上移动。

6 选择椭圆工具，绘制一个椭圆。

7 按快捷键【Ctrl+T】，应用自由变换，旋转并缩放椭圆，如下图所示，按【Enter】键确定。

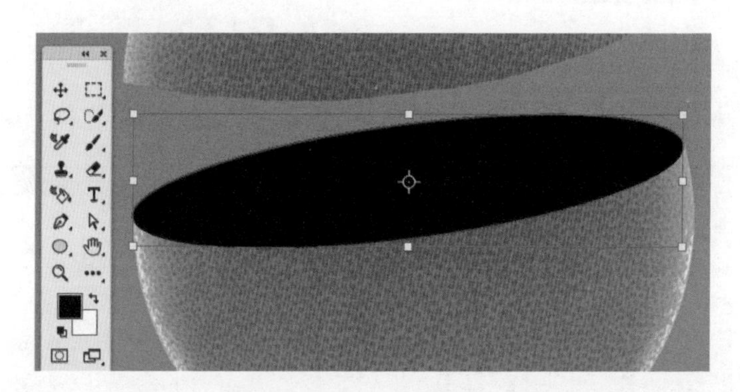

8 右键单击【图层6】图层，在弹出的菜单中选择【创建剪贴蒙版】。

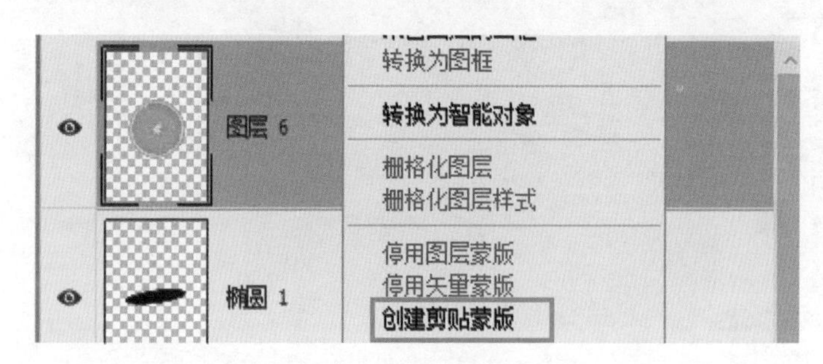

9 选择【图层 6】，按快捷键【Ctrl+T】，应用自由变换，将果肉图片旋转并缩放，如下图所示，按【Enter】键确定，操作完成。

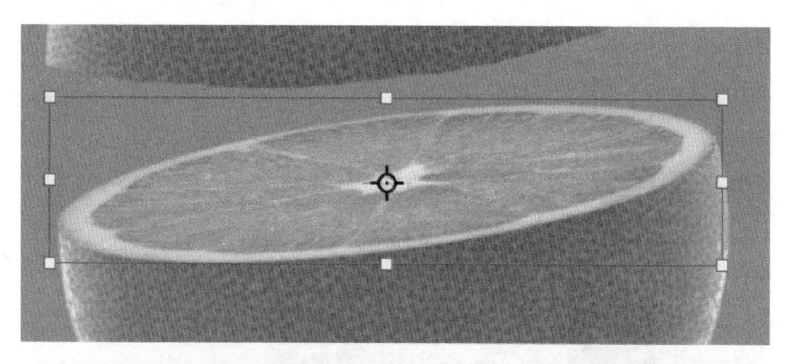

03 如何将草莓放进冰块里“冷冻”起来?

Photoshop 的功能十分强大，只有你想不到的，没有它做不到的。冰冻效果也可以使用 Photoshop 合成出来，那么如何制作冰冻草莓效果呢？操作如下。

1 选择【文件】菜单中的【打开】命令，按住【Ctrl】键，选择 2 个文件，单击【打开】按钮，打开素材图片。

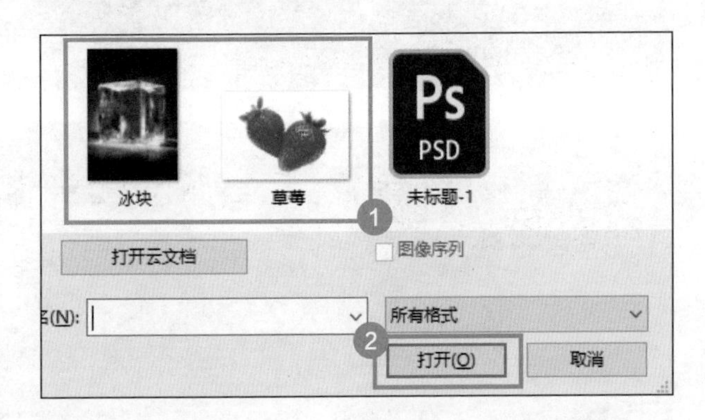

2 选择工具栏中的移动工具，拖动草莓图片到冰块图片中。

3 将图层混合模式设置为【变亮】。

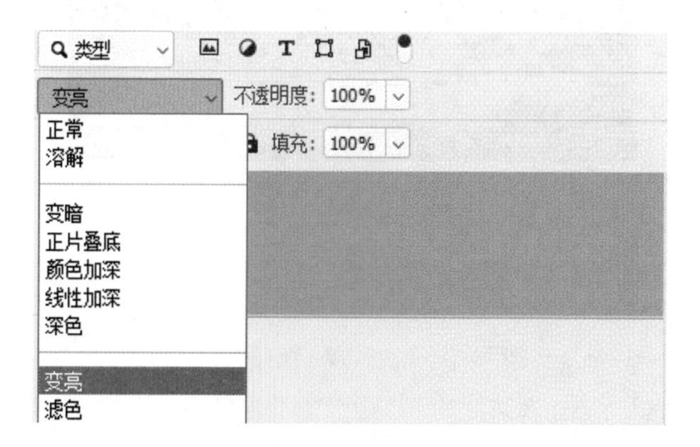

4 按快捷键【Ctrl+T】，应用自由变换，调整草莓的大小和位置，如下图所示，按【Enter】键确定，操作完成。

04 如何制作三维奇幻星球?

外星球表面及环境是怎样的? 我们可能都没有见过。不过我们可以结合地球的环境,发挥想象,打造一幅带有奇幻色彩的外星球场景图。操作如下。

1 打开素材图片，选择椭圆工具，按住【Shift】键，在画布中绘制一个圆形。

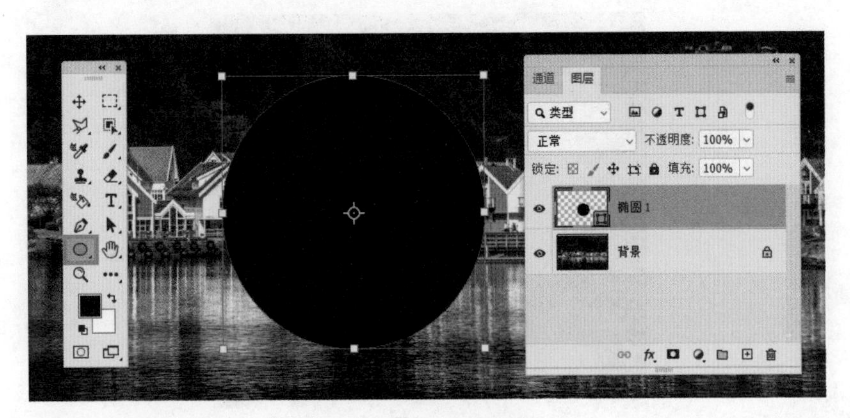

2 右键单击【背景】图层，在弹出的菜单中选择【复制图层】。

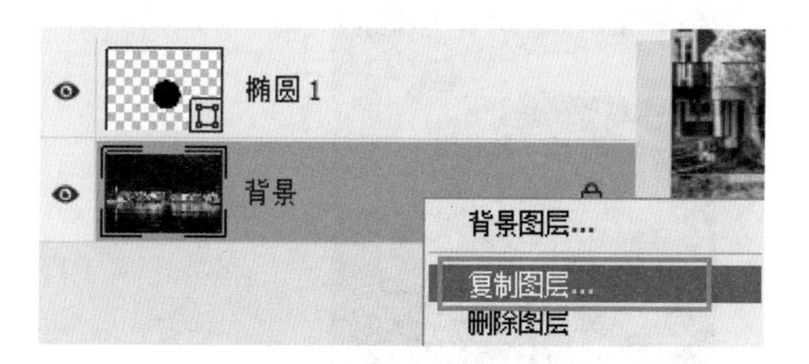

3 选择【背景 拷贝】图层，用移动工具将其移至最上层。

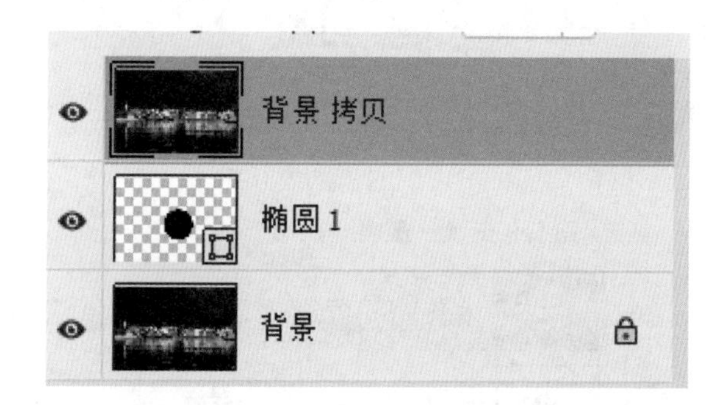

4 选择【滤镜】菜单中的【扭曲】→【旋转扭曲】命令。

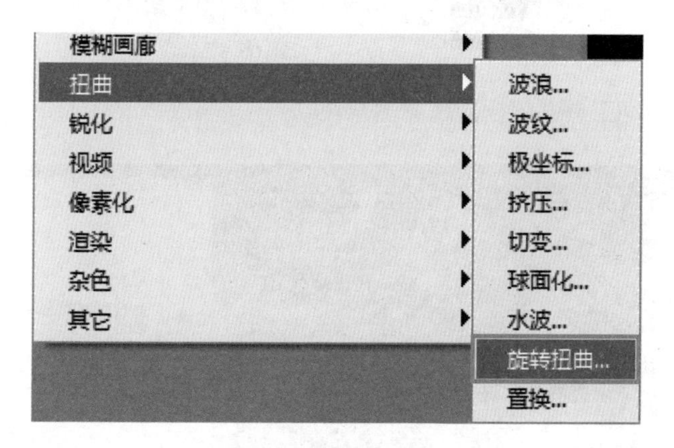

5 在弹出的【旋转扭曲】对话框中设置参数，单击【确定】按钮。

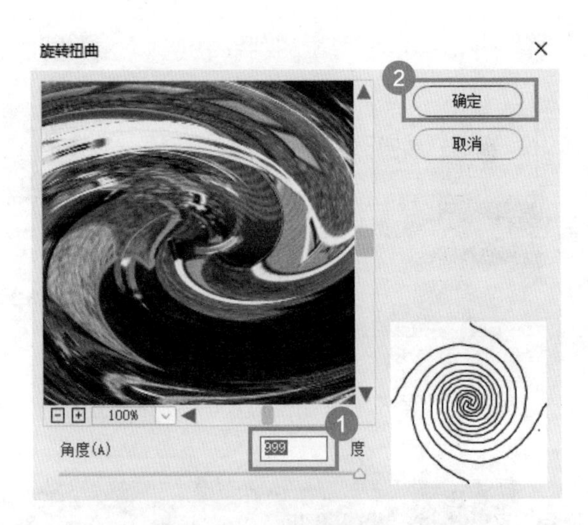

6 右键单击【背景 拷贝】图层，在弹出的菜单中选择【创建剪贴蒙版】。

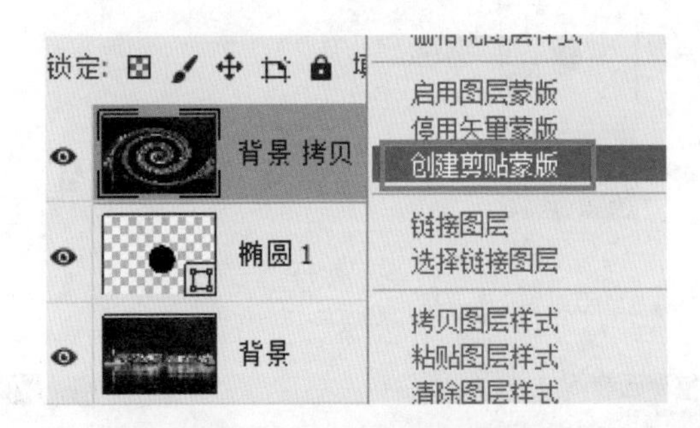

7 选择移动工具，将扭曲后的图像移动到合适位置，如下图所示。

8 按住【Ctrl】键，单击【椭圆】图层的缩略图，将图层作为选区载入。

9 选择【背景 拷贝】图层，选择【滤镜】菜单中的【扭曲】→【球面化】命令。

10 在弹出的【球面化】对话框中设置参数，单击【确定】按钮。

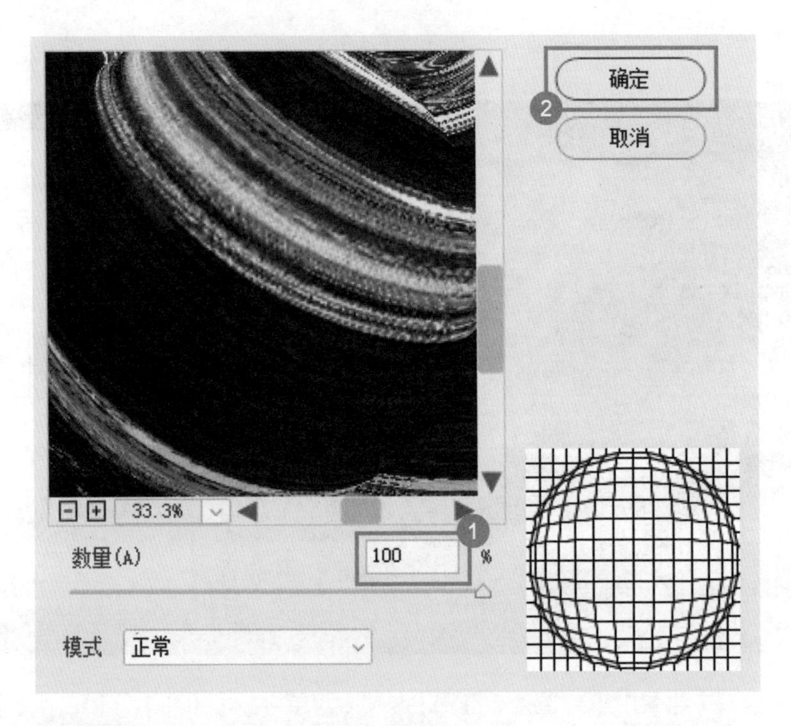

11 按快捷键【Ctrl+D】取消选区，操作完成。

05 如何合成奇幻空中飞鲸效果?

想要鱼在空中飞？把鱼身边的水换成天空就可以了！操作如下。

1 选择【文件】菜单中的【打开】命令，按住【Ctrl】键，选择 2 个文件，单击【打开】按钮，打开素材图片。

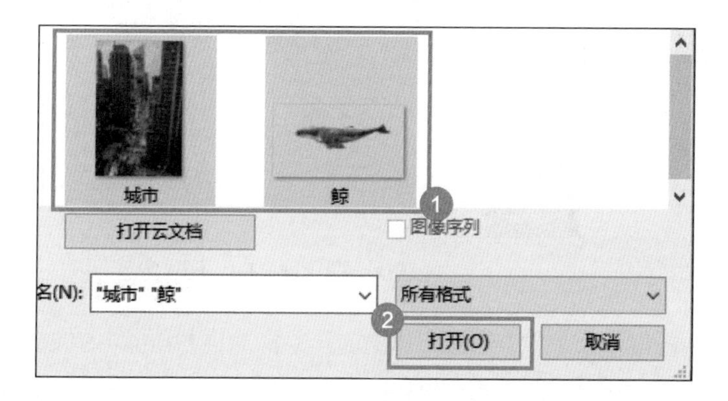

2 选择工具栏中的移动工具，拖动鲸图片到城市图片中。

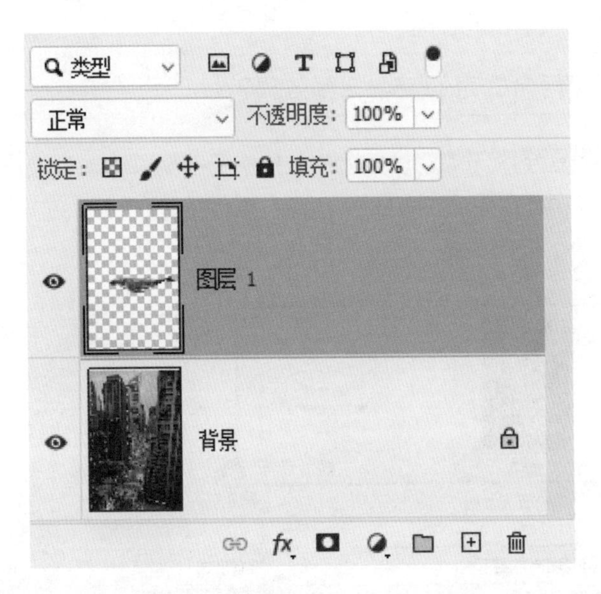

3 按快捷键【Ctrl+T】，应用自由变换，拖动控制点，将鲸变大，按【Enter】键确定。

4 按快捷键【Ctrl+M】，弹出【曲线】对话框，拖动曲线控制点，单击【确定】按钮。

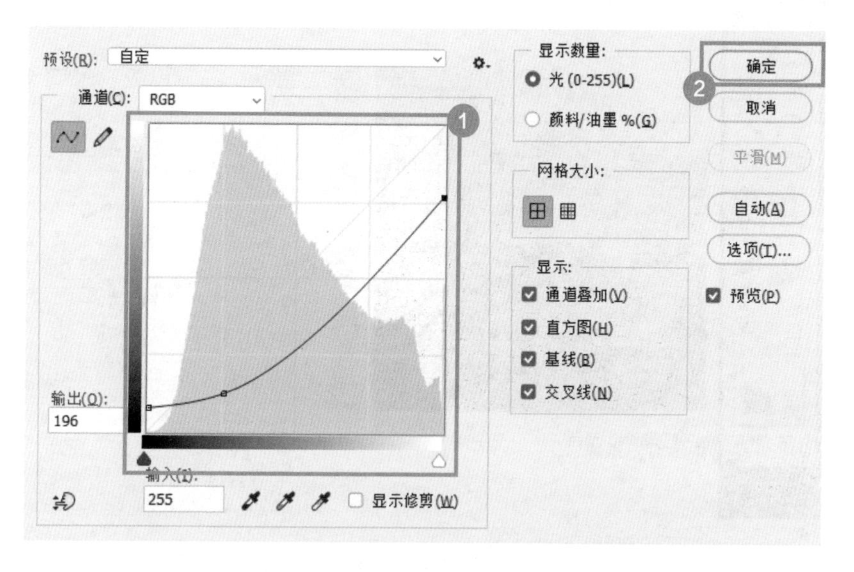

5 在【图层】面板中单击【创建新图层】按钮，创建【图层 2】。

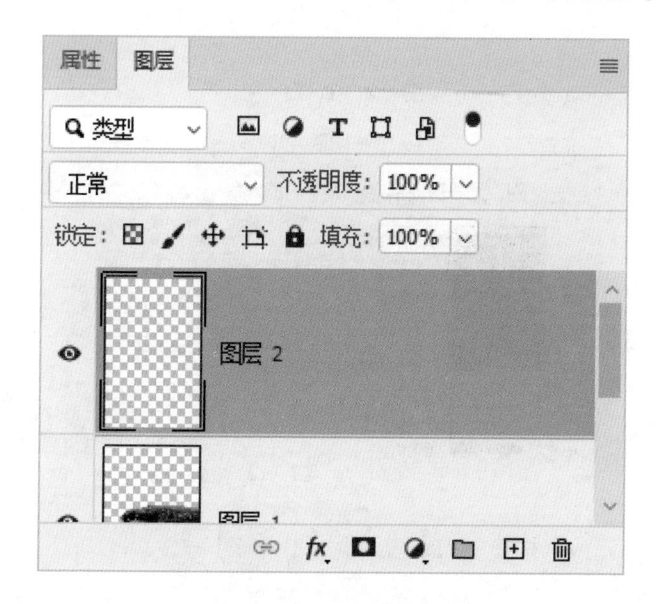

6 将背景色设置为黑色，单击【确定】按钮。

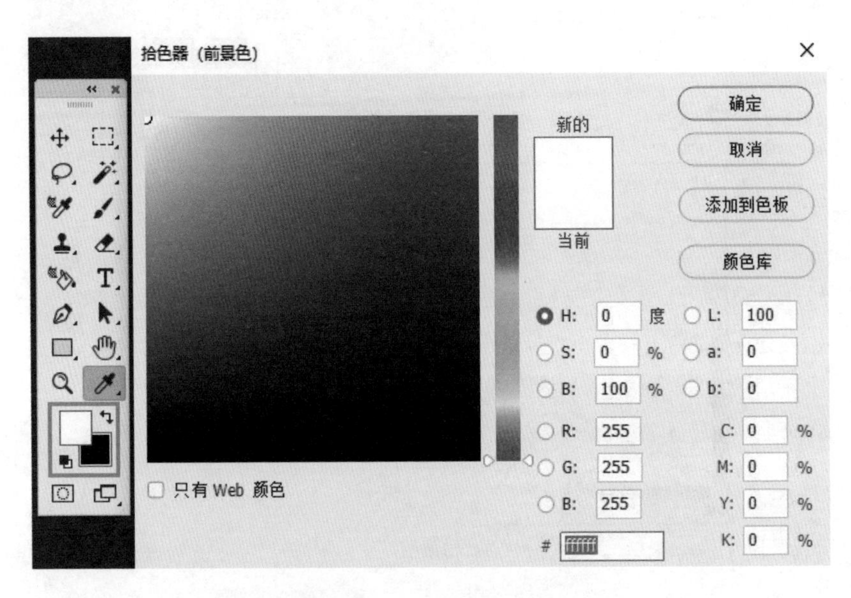

7 按【Ctrl +Delete】快捷键，为图层填充黑色。

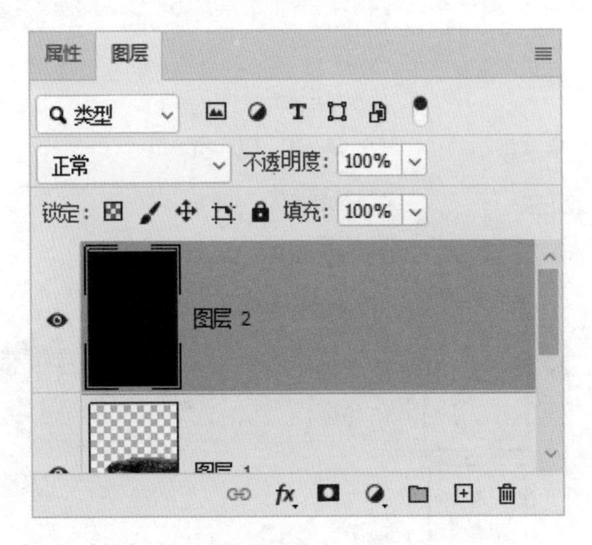

8 选择【滤镜】菜单中的【渲染】→【云彩】命令。

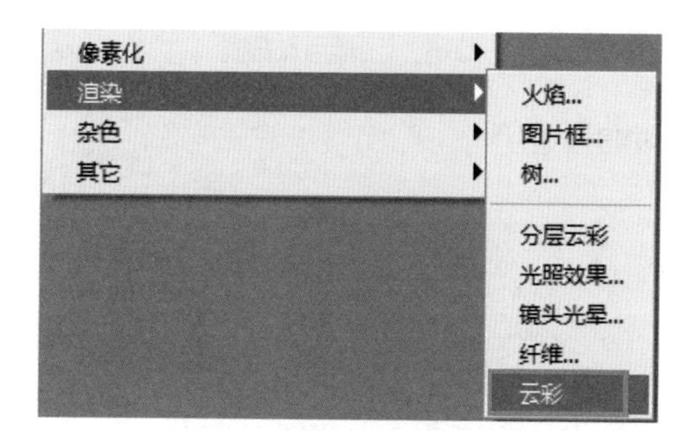

9 将图层混合模式设置为【滤色】，去除图像中的黑色。

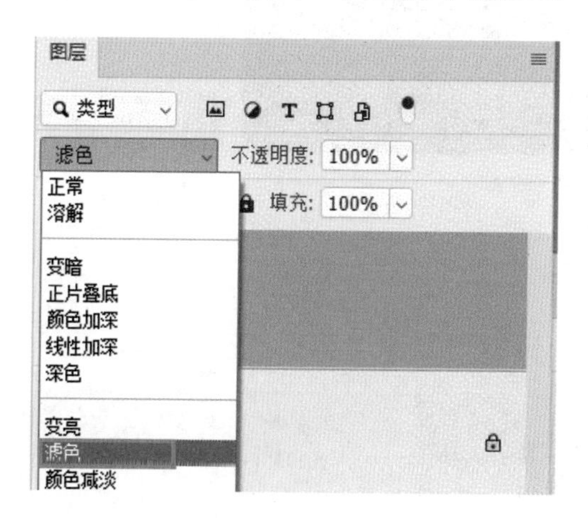

10 在【图层】面板中单击【添加图层蒙版】按钮，可以看到添加了图层蒙版。

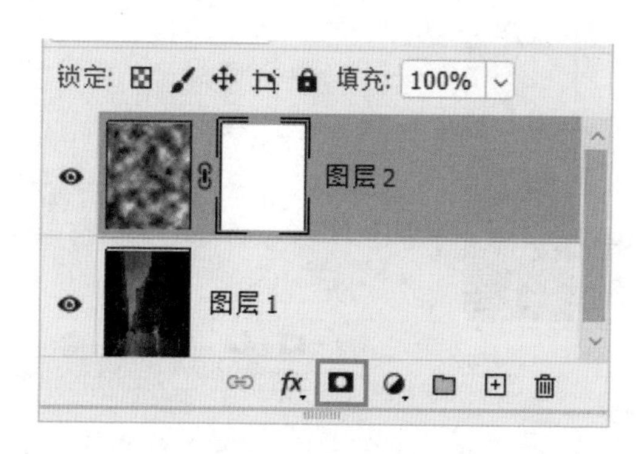

11 将前景色设置为黑色，单击【确定】按钮。

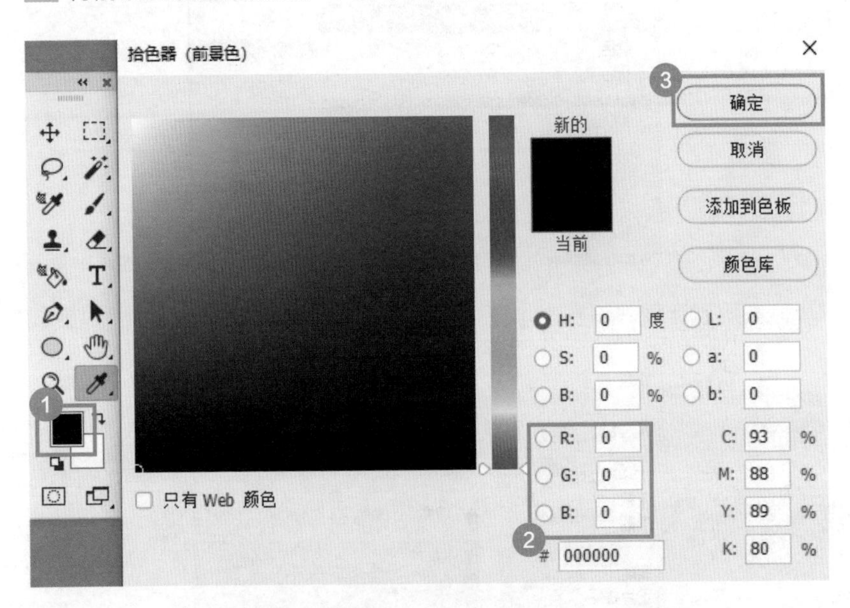

12 使用画笔工具涂抹多余的雾，操作完毕。

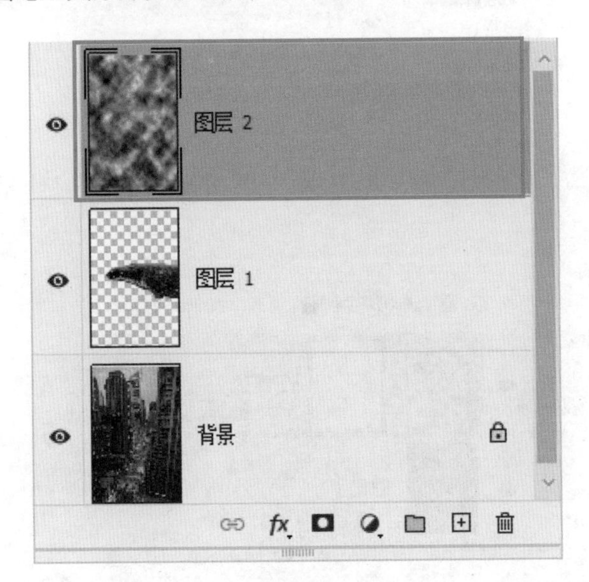

MetLife